Alexandre Rojey



# Énergie & climat

## Réussir la transition énergétique



2008

Éditions TECHNIP, 25 rue Ginoux, 75015 PARIS

*CHEZ LE MÊME ÉDITEUR*

- Le plein de biocarburants ? Enjeux et réalités
  DANIEL BALLERINI
- Géopolitique du pétrole
  CÉDRIC DE LESTRANGE, CHRISTOPHE-ALEXANDRE PAILLARD, PIERRE ZELENKO
- Géopolitique de l'énergie
  JEAN-PIERRE FAVENNEC
- Atlas géopolitique des espaces maritimes – Frontières, énergie, pêche et environnement
  DIDIER ORTOLLAND, JEAN-PIERRE PIRAT
- Pétrole, gaz et les autres énergies
  ALBERT LEGAULT
- Partager l'eau – Les enjeux de demain
  ALEXANDRE TAITHE
- Économie des déchets
  GÉRARD BERTOLINI
- Le Monde et l'énergie, enjeux géopolitiques (2 volumes)
  SAMUELE FURFARI

*Cet ouvrage a été imprimé sur papier Edixion 90 g*

*(certifié écolabel européen)*

*avec des encres végétales chez EMD,*

*une entreprise Imprim'Vert*


*Imprimé en France*

ISBN : 978-2-7108-0908-1

# Table des matières

*Préface* ........ 11

*Introduction* ........ 15

***Chapitre 1. L'énergie dans une économie mondialisée*** ........ 19

La place essentielle de l'énergie dans l'économie ........ 19
La prédominance actuelle des énergies fossiles ........ 20
Les différentes utilisations de l'énergie ........ 22
Un nombre restreint de fournisseurs ........ 25
L'énergie et la mondialisation de l'économie ........ 27
Le rôle croissant des pays émergents ........ 29
Perspectives d'évolution future ........ 30

***Chapitre 2. Les dangers croissants de la situation actuelle*** ........ 33

Les risques associés à la consommation d'énergie ........ 33
La croissance de la demande ........ 33
Un accès inégal à l'énergie ........ 35
Les risques sur la fourniture d'énergie à long terme ........ 36
La vulnérabilité accrue des pays consommateurs ........ 38
La dépendance des transports vis-à-vis du pétrole ........ 39
Les effets de la consommation d'énergie sur l'environnement aux niveaux local et régional ........ 40
Les risques pour l'environnement au niveau mondial ........ 42
Des menaces croissantes ........ 43

***Chapitre 3. La menace du changement climatique*** ........ 45

Un risque majeur pour la planète ........ 45
L'effet de serre ........ 46
L'impact des émissions de gaz à effet de serre sur le changement climatique ........ 48

Les symptômes du changement climatique .................................... 51
Rétroaction positive et effets de seuil .......................................... 53
Les dangers d'un dérèglement du climat ........................................ 55
Le protocole de Kyoto et l'après-Kyoto .......................................... 56
La problématique du facteur 4 ....................................................... 59
L'évolution actuelle ...................................................................... 61
L'urgence des actions à entreprendre ............................................. 62

***Chapitre 4. L'indispensable transition énergétique*** .......................... 65

La nécessité d'un changement ........................................................ 65
Les menaces à lever ...................................................................... 66
Agir dans la perspective du développement durable ........................ 67
La nécessité d'une réglementation
et d'une gouvernance à l'échelle mondiale ....................................... 69
Les alternatives énergétiques ......................................................... 71
Une transition de longue durée ....................................................... 72
Franchir le cap de la transition ....................................................... 74
La nécessité d'innover ................................................................... 75
Les moyens d'action ...................................................................... 77
Une transition globale .................................................................... 81

***Chapitre 5. Réduire la consommation d'énergie,***
***en protégeant l'environnement*** ....................................................... 85

Des Mégawatts aux Négawatts ........................................................ 85
La baisse continue de l'intensité énergétique .................................. 86
Repenser l'habitat et la mobilité ...................................................... 88
Vers le bâtiment à énergie positive .................................................. 91
La réduction de la consommation d'énergie
dans les transports ........................................................................ 94
La propulsion hybride .................................................................... 96
Le stockage de l'énergie ................................................................. 97
De nouveaux modes de production agricole .................................... 101
Des processus industriels plus efficaces ........................................ 103
Le traitement des déchets
et le recyclage des matières premières .......................................... 104
*Les actions de recherche à entreprendre* ....................................... 107

**Chapitre 6. Réduire le contenu carbone de l'énergie** ........ 109
Le contenu carbone du *mix* énergétique ........ 109
L'intensité carbone ........ 111
Les voies de réduction du contenu carbone de l'énergie ........ 112
Le redémarrage du nucléaire ........ 114
Les perspectives des énergies renouvelables ........ 119
L'énergie éolienne : une technologie déjà mature ........ 120
Les promesses du solaire ........ 121
Les avantages et les limitations de la géothermie ........ 124
La biomasse-énergie et les biocarburants : potentialités et risques ........ 125
Le rôle de l'hydrogène ........ 130
L'hybridation des sources ........ 134
*Les actions de recherche à entreprendre* ........ 137

**Chapitre 7. Maîtriser les approvisionnements en énergies fossiles** ........ 139
Quel rôle pour les combustibles fossiles ? ........ 139
La fin d'un pétrole abondant et peu cher ........ 140
L'état actuel des réserves pétrolières ........ 142
Vers un pétrole de plus en plus technologique ........ 144
Les huiles extra-lourdes et les schistes bitumineux ........ 148
Le gaz naturel ........ 149
Le retour du charbon ........ 152
Les carburants de synthèse ........ 156
Assurer le relais nécessaire ........ 158
*Les actions de recherche à entreprendre* ........ 159

**Chapitre 8. Capter et stocker le $CO_2$** ........ 161
Les options étudiées ........ 161
Les puits de carbone ........ 162
Le captage et le transport de $CO_2$ ........ 163
Le stockage géologique du $CO_2$ ........ 166
Les applications du captage et stockage de $CO_2$ ........ 171
Les opérations de stockage géologique dans le monde ........ 173
Aspects réglementaires et sociaux du stockage géologique ........ 175

Perspectives à plus long terme :
minéralisation et recyclage du $CO_2$ ... 176
Une filière industrielle à mettre en place ... 178
*Les actions de recherche à entreprendre* ... 179

***Chapitre 9. Comment réussir la transition énergétique ?*** ... 181
Les conditions à réunir pour réussir la transition énergétique ... 181
Établir un scénario d'évolution acceptable ... 182
Atteindre les objectifs visés ... 184
Les perspectives de réussite ... 186
Les progrès technologiques à assurer ... 187
Une évolution qui reste ouverte ... 189
Associer innovations technologiques
et évolution des modes de vie ... 192
Un projet de société ... 192

***Conclusion*** ... 195

***Annexes*** ... 197
Annexe 1 – Énergie et puissance ... 197
Annexe 2 – Conversions et équivalences entre unités ... 199
Annexe 3 – Abréviations ... 200

***Références*** ... 203

***Sites Web*** ... 209

***Index*** ... 213

Remerciements

Cet ouvrage a bénéficié de discussions et d'échanges fructueux avec mes collègues de l'IFP et en particulier Patrick Boisserpe, Gérard Lefebvre et Marco de Michelis, qui ont largement contribué à son élaboration. J'ai aussi bénéficié des avis et conseils de différents experts, chercheurs et économistes de l'IFP, et en particulier Yves Mathieu, Jean- François Gruson et Gaëtan Monnier. Je remercie également Olivier Appert pour avoir accepté de préfacer cet ouvrage. Enfin, je souhaite inclure dans ces remerciements Dominique Vignot qui, sans faire partie de l'IFP, a néanmoins contribué à l'élaboration des idées exprimées.

# Préface

De la découverte du feu et l'utilisation du bois pour se chauffer et cuire les aliments, en passant par la mise en œuvre de l'énergie éolienne et des énergies fossiles (charbon, pétrole et gaz), jusqu'à l'énergie nucléaire, une énergie est toujours venue en remplacer une autre, ou la compléter. Le plus souvent, la transition s'est faite alors même que l'énergie précédente n'était pas encore épuisée. L'énergie n'est jamais venue à manquer et, même si nous avons connu des alertes sérieuses avec les chocs pétroliers de la fin du siècle dernier, nos sociétés n'ont jamais eu à réellement s'inquiéter de sa disponibilité. Tel n'est plus le cas aujourd'hui.

L'énergie est au cœur de nos sociétés modernes. Son importance peut aujourd'hui se mesurer à l'aulne des débats et polémiques qu'elle suscite. Crainte, d'un côté, de venir demain à en manquer et inquiétude, de l'autre, quant à l'effet néfaste de ses émissions de $CO_2$ en matière de réchauffement climatique. Si, sur le premier point, la réalité n'est pas aussi noire que certains cherchent à le laisser entendre, les réserves en hydrocarbures représentant encore plusieurs décennies de consommation, sur le second point, force est de reconnaître qu'il y a urgence. Nous sommes à l'aube d'une situation inédite : les énergies fossiles ne sont pas éternelles et ne peuvent pas être consommées plus longtemps sans réduction significative de leurs émissions de $CO_2$. Des alternatives existent ou émergent, comme les énergies renouvelables, mais les conditions de satisfaction d'une demande sans cesse croissante, au niveau mondial, et qui plus est sans atteinte à l'environnement, ne sont pas aujourd'hui remplies.

Il est difficile d'imaginer que l'on puisse se passer brutalement, du jour au lendemain, des hydrocarbures, notamment dans les domaines du transport et de la chimie, aucun substitut n'étant disponible en quantité suffisante ou utilisable à grande échelle dans des conditions économiques et environnementales satisfaisantes. Il est encore plus difficile d'imaginer que l'on puisse indéfiniment maintenir le rythme actuel de consommation, sans se préoccuper du réchauffement climatique. Ce dernier point est crucial et constitue un enjeu planétaire pour lequel l'échec est interdit. Miser sur le seul progrès, issu de l'innovation technologique, ne suffira pas à résoudre entièrement le problème. En parallèle, c'est notre modèle de développement économique et social qui doit être rapidement repensé, nos modes de consommation et donc nos comportements qui doivent être modifiés. Pour préserver notre planète et notre mode de vie, il importe désormais de penser différemment notre approche de l'énergie.

Entre aujourd'hui et ce que nous percevons de ce que serait demain si rien n'est fait, il nous faut dès à présent imaginer le chemin le plus équilibré et raisonné qui permettra aux générations futures d'évoluer et de poursuivre leur propre développement dans des conditions économiques, sociales et environnementales acceptables. Il ne s'agit pas d'opposer l'objectif de disponibilité et d'utilisation de l'énergie à celui de lutte contre le réchauffement climatique mais, au contraire, de les concilier. C'est là tout le sens et l'importance de la mise en place immédiate d'une transition énergétique « maîtrisée ».

Les conditions de réussite d'une telle transition passent par la conviction de l'ensemble des acteurs que l'urgence est réelle et qu'en conséquence une mobilisation sans précédent des volontés et des moyens doit être engagée. Il faut également se résoudre à l'idée qu'une solution unique « miracle » n'existe pas dans l'immédiat et qu'il convient de mettre en œuvre un ensemble de solutions, dans une logique de complémentarité, sans a priori et sans dénigrement de l'une par rapport à l'autre. Les Pouvoirs Publics sont en charge d'impulser et de piloter ce mouvement au travers de financements, de réglementations et d'incitations diverses. Les acteurs économiques, et notamment les entreprises, doivent l'intégrer à leur stratégie de développement. Pour elles, l'expression « entreprise citoyenne » n'a jamais eu autant de sens et d'importance qu'aujourd'hui. La recherche, qu'elle soit publique ou privée, doit se mobiliser pour imaginer les solutions techniques dont nous aurons besoin et, pour ce faire, il lui faut bien évidemment disposer des moyens financiers et humains indispensables. Enfin, chacun d'entre nous, dans ses actes quotidiens, a le devoir de se remettre en cause et de revoir en profondeur ses comportements de consommateur. Il nous faut désormais mettre les économies d'énergie au cœur de nos préoccupations. Enfin, et cela n'est pas le moindre des facteurs de réussite, tous ces acteurs doivent agir de concert et non de façon isolée.

Comme cela est décrit dans cet ouvrage, tous les secteurs d'activités, dans leurs composantes économique et sociale, sont concernés par les enjeux liés à la disponibilité de l'énergie et aux problématiques environnementales. Les solutions et les évolutions connues ou à imaginer peuvent être tantôt communes et tantôt spécifiques. Certains secteurs d'activités ont une avance technologique supérieure à d'autres. C'est par exemple le cas de l'habitat qui dispose d'un ensemble de solutions immédiatement opérationnelles et d'une feuille de route relativement claire. La difficulté ne réside pas tant dans l'existence des technologies et des matériaux mais dans les conditions de leur déploiement, en termes de niveau d'investissements nécessaires et, aussi, de faible rythme de renouvellement du parc – une maison ou un immeuble étant construit pour une période comprise entre 50 et 100 ans. Pour autant, même en matière d'habitat, des progrès restent possibles et doivent être recherchés.

Tous les pays du monde sont également concernés. La problématique est planétaire. Certaines technologies pourront être déployées partout, d'autres seront spécifiques à des pays ou des zones géographiques et dépendront de choix liés aux conditions climatiques locales, à la situation économique et sociale ou encore plus simplement à la disponibilité de sources d'énergies et à leur nature.

Réussir la transition énergétique est indiscutablement l'affaire de tous. Chacun doit à son niveau en être acteur. L'IFP, Établissement public de recherche et de formation dont la mission est de développer les énergies du transport du XXI^e^ siècle, est fermement décidé à apporter sa pierre à l'édifice. Fort de ses réussites, avec ses hommes et ses femmes, leur expérience, leurs compétences et leur savoir-faire et, surtout, leur extraordinaire capacité d'innovation, l'IFP entend contribuer avec détermination et efficacité à la mise en place d'une transition maîtrisée dans les domaines de l'énergie, du transport et de l'environnement.

Cet ouvrage, qui dépasse très largement le périmètre d'intervention de l'IFP, est aussi complet que possible et apporte une vision et une expertise globale de la problématique de la transition énergétique. Certains sujets abordés font tout naturellement partie des différents domaines de recherche couverts par l'IFP. Au nombre de cinq, leur finalité peut être résumée de la façon suivante : capter et stocker le $CO_2$ pour lutter contre le réchauffement climatique, diversifier les sources de carburants, développer des véhicules propres et économes en carburants, transformer le maximum de matière première en énergie du transport et repousser les limites du possible dans l'exploration et la production du pétrole et du gaz. Si l'analyse et les propositions exprimées dans cet ouvrage appartiennent à l'auteur, la présentation des enjeux et des solutions à mettre en œuvre dans chacun de ces domaines rejoint globalement la vision de l'IFP. Réussir la transition énergétique est un objectif, tout autant qu'une obligation, que partagent au quotidien l'ensemble des chercheurs de l'IFP. Au-delà de l'analyse proposée, cet ouvrage est avant tout une alerte et une incitation forte à agir sans attendre.

L'IFP se reconnaît pleinement dans cette volonté d'action.

Olivier Appert
*Président de l'IFP*

# Introduction

Le rôle de l'énergie est essentiel dans notre société. Tous nos secteurs d'activités, habitat, transports, industrie, agriculture en dépendent.

Les grandes mutations technologiques dans le domaine de l'énergie ont entraîné des changements majeurs dans le fonctionnement économique et social du monde dans lequel nous vivons. Il suffit de penser à la révolution industrielle marquée par l'avènement de la machine à vapeur et du charbon comme source d'énergie, au développement du transport automobile et aérien lié à l'exploitation à grande échelle du pétrole au XX^e^ siècle, ainsi qu'au rôle croissant de l'électricité dans notre système économique.

Néanmoins, à l'heure actuelle, le développement de la consommation d'énergie n'est plus seulement associé à l'idée de progrès, mais aussi à un certain nombre de menaces pesant sur notre société et notre environnement.

Les risques d'épuisement des énergies fossiles, et en tout premier lieu du pétrole, représentent un premier facteur d'inquiétude. L'imminence d'un plafonnement de la production pétrolière (*peak oil*) est évoquée de manière récurrente. Les tensions sur les approvisionnements pétroliers, induites par une demande croissante, entretiennent une instabilité des prix et se conjuguent avec des facteurs politiques pour créer des menaces de crises.

L'impact sur l'environnement de la production d'énergie à partir des combustibles fossiles devient également de plus en plus préoccupant. Aux risques pour l'environnement à l'échelle locale s'ajoute à présent le danger du réchauffement climatique provoqué par les émissions de dioxyde de carbone.

La solution peut paraître simple. Il suffit de s'affranchir des énergies fossiles et de les remplacer par des énergies ne présentant pas les mêmes inconvénients : énergie nucléaire et énergies renouvelables, en passant ainsi dans « l'après-pétrole ».

Malheureusement, dans les faits, à l'échelle mondiale, ces énergies alternatives ne peuvent pas être substituées rapidement et massivement aux énergies fossiles, qui vont continuer à représenter une part importante de l'énergie consommée pendant encore longtemps. Elles ne sont pas non plus sans risque, que ce soit en termes de sécurité dans le cas du nucléaire, ou en termes économiques dans le cas des renouvelables.

Passer de la situation actuelle à un système énergétique durable ne se fera pas d'un coup de baguette magique. Ce passage suppose notamment de modifier profondément nos habitudes ainsi que nos structures de production et de consommation d'énergie.

Il faut donc aménager une **transition**, de manière à éviter, d'une part, une crise majeure dans les approvisionnements énergétiques et, d'autre part, un changement climatique aux conséquences catastrophiques.

Les voies à suivre pour réussir cette transition énergétique vont être examinées dans la suite de l'ouvrage :

- Le premier chapitre présente la façon dont l'énergie est consommée actuellement, dans un contexte de mondialisation qui favorise un fort accroissement de la demande.
- L'analyse des menaces qui pèsent sur ce modèle de consommation fait l'objet des chapitres 2 et 3. Elle montre que le modèle actuel n'est pas durable.
- Les conditions dans lesquelles la transition énergétique doit être entreprise sont examinées dans le chapitre 4. Cette analyse débouche sur un plan d'actions s'appuyant sur quatre leviers.
- Les actions à mener selon ces quatre leviers sont décrites de façon plus approfondie dans les chapitres 5 à 8. Elles

s'appuient sur un ensemble d'innovations, qui sont décrites et récapitulées à chaque fois dans un tableau final (intitulé : les actions de recherche à entreprendre). Toutefois, les solutions techniques ne suffisent pas à elles seules. L'évolution des comportements ainsi que du contexte réglementaire fait partie intégrante de la démarche proposée.

- Dans le chapitre 9, les perspectives d'avenir sont présentées à partir d'une analyse de la contribution future de ces différentes solutions à la résolution des problèmes posés. Un scénario d'évolution acceptable est à notre portée, mais au prix d'un effort qui ne doit pas être sous-estimé.

Un changement profond s'impose. Il concerne non seulement le secteur de l'énergie, mais aussi l'ensemble de notre économie et de notre société. L'engagement et la volonté de tous les acteurs, citoyens, entreprises, gouvernements, seront déterminants pour mener à bien les actions qui s'imposent.

L'imminence et la gravité des périls que nous devons affronter rendent ce changement urgent : il nous faut agir avec détermination et sans plus attendre.

# 1 L'énergie dans une économie mondialisée

## La place essentielle de l'énergie dans l'économie

L'énergie est omniprésente dans l'économie et joue un rôle essentiel dans tous les domaines d'activités, que ce soit l'industrie, les secteurs résidentiel et tertiaire ou les transports[1].

Le développement du charbon a accompagné la découverte de la machine à vapeur et a conduit à la première révolution industrielle au XVIIIe siècle. C'est ensuite l'utilisation du charbon, puis des autres énergies fossiles (pétrole, gaz naturel) pour entraîner les machines, qui a permis le développement spectaculaire de l'industrie jusqu'à nos jours.

La révolution industrielle a été également marquée par le développement spectaculaire des transports. L'utilisation de la machine à vapeur pour propulser trains et navires a conduit, dès le début de l'ère industrielle, à la création des réseaux ferroviaires et maritimes à l'échelle mondiale. Au début du XXe siècle, le pétrole abondant, facile à stocker sous forme liquide et relativement bon marché, a été à l'origine de la croissance rapide des transports routiers et aériens.

L'énergie assure aussi les besoins en chauffage et en conditionnement d'air. Elle est indispensable au fonctionnement de l'ensemble des équipements ménagers, de bureautique (ordinateurs) et de communication (média, téléphone, internet). L'industrie en dépend entièrement.

---

1. Quelques rappels sur les unités utilisées et les bases physiques figurent en Annexe 1.

Sans cet apport continu d'énergie, la société ne pourrait plus fonctionner et nos économies modernes sont de ce point de vue particulièrement vulnérables.

Pour ses besoins en énergie, l'économie mondiale fait appel à des quantités croissantes de combustibles fossiles. Le développement des transports routier et aérien, directement lié à la consommation pétrolière, en est l'illustration la plus flagrante. La diffusion de moyens de transport relativement peu coûteux à l'échelle de la planète a favorisé la mondialisation de l'économie qui, en retour, alimente la consommation d'énergie.

Les énergies alternatives, qui se sont développées plus récemment, sont encore loin d'avoir acquis une place équivalente. L'énergie nucléaire est ressentie par une large partie de l'opinion dans le monde comme présentant des dangers : risques de détournement à des fins militaires, dangers d'accident, entreposage des déchets. Les énergies renouvelables, censées nous libérer de ces différentes contraintes, tardent à venir et leur aptitude même à pouvoir se substituer aux énergies actuelles est parfois mise en doute.

## La prédominance actuelle des énergies fossiles

La fourniture mondiale d'énergie primaire (issue du pétrole, du gaz naturel, du charbon, du nucléaire et des énergies renouvelables) s'est élevée en 2005 à 11,4 milliards de tonnes d'équivalent pétrole [1].

Une tonne d'équivalent pétrole (tep) représente l'énergie délivrée par la combustion d'une tonne de pétrole. Même si l'électrification croissante de notre économie conduit aussi à utiliser d'autres unités comme le kWh ou le MWh (1 MWh = 0,086 tep – *cf.* Tableau des équivalences en fin d'ouvrage), l'utilisation courante de la tep comme unité énergétique montre que le pétrole demeure l'énergie de référence.

L'énergie primaire est celle qui est disponible avant toute transformation, sauf dans le cas des énergies qui ne peuvent pas être exploitées directement. Ainsi, hydroélectricité et énergie nucléaire sont considérées comme des énergies primaires. L'électricité d'origine nucléaire est affectée d'un coefficient d'équivalence basé sur un rendement de 0,33 (0,261 tep pour 1 MWh d'électricité nucléaire).

L'énergie primaire est ensuite convertie en énergie secondaire, sous une forme utilisable par le consommateur (production de carburants dans les raffineries ou d'électricité dans les centrales électriques).

L'énergie finale est consommée par l'utilisateur à l'issue du processus d'acheminement et de distribution.

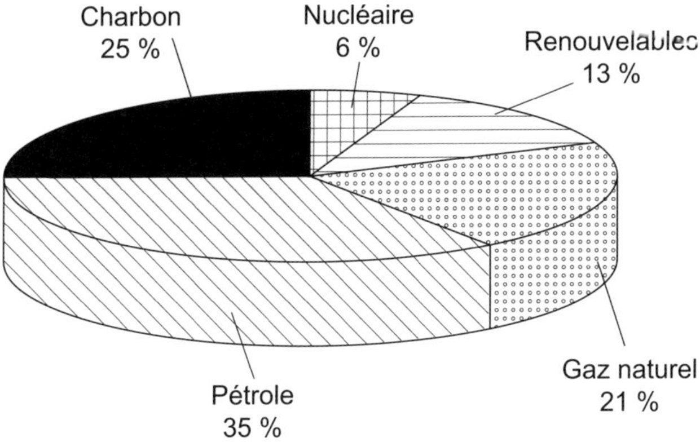


**Figure 1.1 :** Les différentes sources d'énergie primaire
(Chiffres 2005 – *Source* : AIE)

Les énergies fossiles restent à l'heure actuelle largement prédominantes, en assurant un peu plus de 80 % de la fourniture mondiale d'énergie primaire [2]. Le pétrole en représente toujours la part la plus importante (35 %), suivi par le charbon (25 %), le gaz naturel (21 %), les renouvelables (13 %) et enfin le nucléaire (6 %).

La plus grande partie de la fourniture d'énergie renouvelable provient de la biomasse (près de 80 %). L'hydroélectricité ne représente que 16 % de cette fourniture et les autres formes d'énergies renouvelables (dont éolien et solaire) seulement 4 %, c'est-à-dire environ 0,5 % du total de l'énergie primaire consommée.

Après une phase de développement rapide dans les années 70, la part du nucléaire a stagné et même reculé, suite aux inquiétudes soulevées par les accidents de Three Mile Island et surtout celui de Tchernobyl, qui ont renforcé la défiance de l'opinion. Ce mouvement a été amplifié par le contre-choc pétrolier, qui a contribué à réduire pendant une longue période l'attrait économique du nucléaire.

Dans le même temps, le développement considérable des transports routiers et aériens a suscité une forte demande de pétrole, source de fourniture quasiment exclusive des carburants utilisés, pour lequel il n'existe pas de substitut immédiat à l'échelle requise.

Dans ce contexte, la part occupée par les énergies fossiles a peu évolué. La part du pétrole a légèrement décliné, au profit tout d'abord du gaz naturel et plus récemment du charbon, qui a effectué un retour remarqué au cours des cinq dernières années. Même s'il est souvent question de « l'après-pétrole », faire évoluer de manière substantielle la répartition des différentes sources d'énergie primaire demandera beaucoup d'efforts et de temps.

## Les différentes utilisations de l'énergie

La consommation d'énergie finale dans le monde se répartit de la manière suivante entre les principaux secteurs d'activités (figure 1.2) :

- Les secteurs résidentiel (habitations), tertiaire (bureaux et activités de service) et agricole représentent 37 % de la demande mondiale en énergie.
- La part du transport (routier, aérien, ferroviaire, maritime) s'élève à 26 %.
- L'industrie consomme 37 % de l'énergie finale.

Dans le secteur résidentiel et tertiaire, l'énergie est consommée principalement pour assurer le chauffage et la fourniture d'eau chaude sanitaire, ainsi que pour le conditionnement d'air. Une grande part de cette demande est donc saisonnière. Les énergies fossiles, qui se stockent facilement, se prêtent bien à une utilisation très variable dans le temps. C'est moins le cas des autres formes d'énergie, en dehors de l'hydraulique. En particulier, les énergies directement exploitées sous forme d'électricité sont difficiles à stocker. Les apports du solaire sont intermittents et décalés par rapport à la demande, notamment en ce qui concerne les besoins de chauffage.

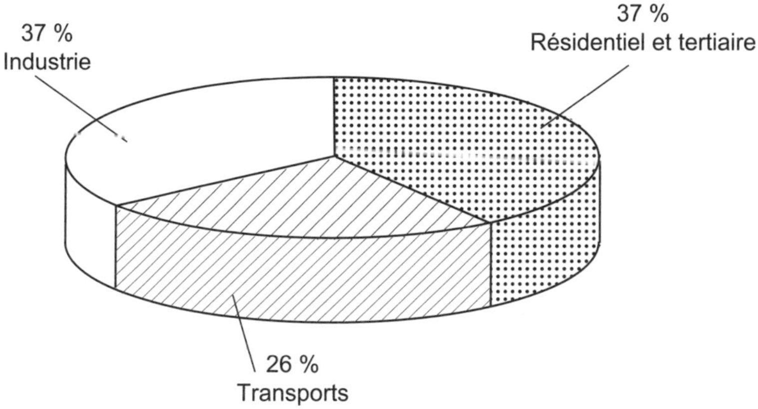


**Figure 1.2 :** Répartition de la demande mondiale d'énergie (consommation d'énergie finale)

(*Source* : AIE)

Les transports routier et aérien posent un problème particulièrement critique, compte tenu de la progression très rapide de la demande dans ces secteurs et des possibilités limitées de faire appel à des carburants de substitution.

L'élévation du niveau de vie s'accompagne partout dans le monde d'une augmentation rapide du nombre de véhicules et d'un usage croissant du transport aérien.

Parallèlement, le transport routier de marchandises s'est fortement développé aux dépens du trafic ferroviaire. Cette évolution est liée aux avantages indéniables du transport routier sur le plan de la souplesse d'expédition et à la mise en place de lignes de production à flux tendus, avec minimisation des stocks. Mais elle a aussi été favorisée par la collectivité, qui a pris en charge la plupart des frais d'infrastructures routières et a peu encouragé le transport par fret ferroviaire.

Entre 2000 et 2050, il est prévu que le trafic routier passager progresse de 150 % et le trafic marchandise de 200 %. Le trafic aérien, passagers et marchandises, croît également rapidement, au rythme d'environ 5 % par an. Cette progression va fatalement se répercuter sur la demande pétrolière.

Dans l'industrie, l'énergie est consommée principalement sous forme de chaleur, souvent à une température élevée, pour transformer la matière première (métallurgie, sidérurgie, verreries, cimenteries…) ainsi que d'énergie mécanique pour entraîner les machines.

Parmi les formes d'énergie, l'électricité occupe une place particulière. Elle représente 16 % de la demande finale d'énergie et environ 37 % de la consommation d'énergie primaire, la différence entre ces deux valeurs s'expliquant par le rendement de la production d'électricité pris en compte dans le calcul de la consommation d'énergie primaire. La production d'électricité augmente régulièrement à un taux moyen de 3 % par an et sa part dans la consommation totale d'énergie croît régulièrement dans toutes les régions du monde [3]. Cette part devrait passer d'ici 2030 dans le scénario de référence de l'AIE de 37 % à 41 % dans le bilan d'énergie primaire et de 16 à 21 % dans le bilan d'énergie finale.

La consommation d'électricité progresse notamment dans le secteur résidentiel et tertiaire, en raison du nombre croissant d'équipements (électroménager, médias, etc.) et d'une utilisation accrue de l'électricité pour le conditionnement d'air ainsi que le chauffage.

Une vigilance toute particulière est requise dans les secteurs du transport et de la production d'électricité, dont la consommation d'énergie fossile croît rapidement.

## Un nombre restreint de fournisseurs

La répartition des réserves de combustibles fossiles dans le monde, exprimées en milliards de tonnes d'équivalent pétrole, est représentée sur la carte de la figure 1.3.

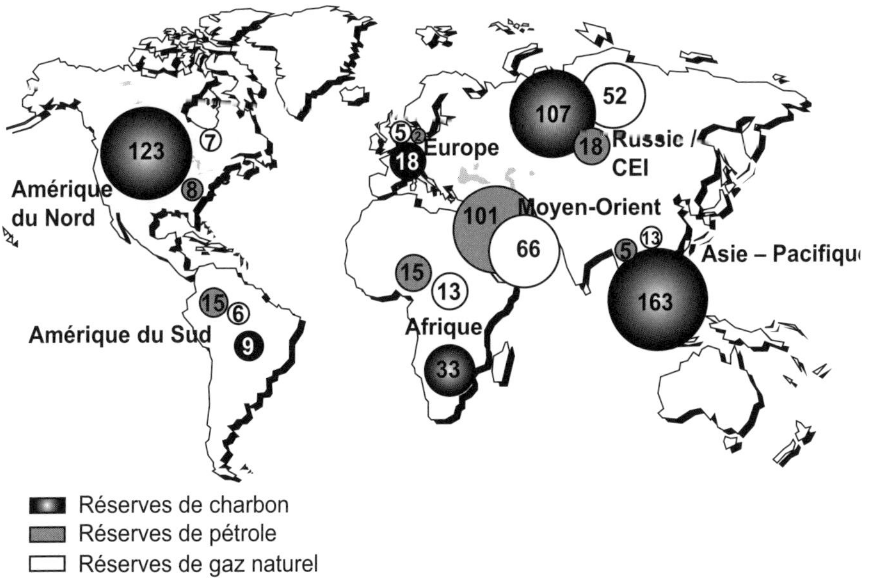


**Figure 1.3 :** Répartition des réserves de combustibles fossiles (Gtep) (*Source* : BP Statistical Review 2007)

Les réserves mondiales d'hydrocarbures, pétrole et gaz naturel, qui assurent plus de la moitié de la fourniture d'énergie primaire, sont inégalement réparties et se trouvent pour une large part dans des régions éloignées des principales zones de consommation.

De ce fait, une part croissante de ces hydrocarbures doit être importée par les pays consommateurs. Les réserves pétrolières et gazières étant localisées dans des régions du monde dont certaines sont instables, il en résulte des risques géopolitiques.

Par ailleurs, le nombre limité d'acteurs contrôlant une part majeure des réserves (Arabie Saoudite pour le pétrole, Russie, Qatar, Iran pour le gaz naturel) aggrave le problème de sécurité des approvisionnements.

La volonté des pays producteurs de contrôler le marché, qui s'est notamment traduite par la création de l'OPEP[2], n'a abouti que très partiellement. Pour autant, la situation actuelle n'est pas particulièrement favorable aux pays consommateurs.

Dans le secteur des hydrocarbures, les états producteurs se montrent à l'heure actuelle globalement réticents à ouvrir leurs domaines pétroliers et gaziers aux grandes compagnies internationales. C'est le cas de la plupart des pays membres de l'OPEP : l'Arabie Saoudite et le Koweït sont totalement fermés. En dehors de l'OPEP, c'est également le cas d'un pays comme le Mexique. La période récente a été marquée, dans plusieurs pays producteurs, que ce soit en Russie, au Venezuela, en Iran ou au Qatar, par un renforcement de la volonté de contrôle au niveau national, qui s'est notamment traduite par la remise en cause de contrats passés avec les compagnies internationales.

Le Moyen-Orient, qui renferme 57 % des réserves mondiales de pétrole et 40 % des réserves mondiales de gaz naturel, comprend des pays dont la situation politique est particulièrement instable. En Irak, le conflit en cours conduit à une production de pétrole de l'ordre de 2 millions de barils par jour, largement inférieure aux capacités de production du pays. En Iran, le conflit avec la communauté internationale à propos du nucléaire freine les investissements et les développements nouveaux dans le secteur des hydrocarbures. L'Arabie Saoudite apparaît elle-même dans une situation fragile, avec une économie qui s'est dégradée et une menace terroriste [4]. Le pétrole est souvent un vecteur de conflits et la rente pétrolière peut être détournée pour financer des guerres.

Dans le cas du gaz naturel, les réserves sont moins concentrées. La Russie occupe une place importante avec un tiers des réserves

2. Organisation des Pays Exportateurs de Pétrole.

mondiales et figure parmi les principaux pays exportateurs avec le Canada, la Norvège, l'Algérie, les Pays-Bas et l'Indonésie.

Le transport à grande distance du gaz naturel au moyen de gazoducs ou sous forme de gaz naturel liquéfié (GNL) nécessite cependant des infrastructures très importantes et donc des investissements considérables. L'existence des infrastructures gazières introduit une dépendance mutuelle entre le fournisseur et le consommateur, qui représente un facteur de sécurité. Les récentes tensions entre la Russie et l'Union Européenne, liées notamment à son conflit avec l'Ukraine, ont montré néanmoins les risques qu'entraîne une dépendance excessive vis-à-vis d'un fournisseur dominant.

La répartition des réserves de charbon est plus favorable aux grands pays consommateurs. Elles sont aussi très abondantes, ce qui a permis dans le cas du charbon d'éviter les tensions et la montée des prix qu'ont connu le pétrole et le gaz naturel. Il en résulte un retour marqué du charbon au cours de la période récente. Ce retour comporte toutefois des dangers importants pour l'environnement, notamment en termes d'émissions de dioxyde de carbone[3], examinés dans le chapitre 7.

## L'énergie et la mondialisation de l'économie

L'accès à des quantités toujours plus importantes de pétrole a favorisé la multiplication des échanges entre les différentes régions du monde, que ce soit pour les personnes avec la croissance rapide des déplacements par avion, ou pour les marchandises avec le développement des frets routier et aérien.

Ce développement des transports et des échanges, auquel contribue également la progression considérable des télécommunications, a été un facteur dominant dans la mondialisation de l'économie. C'est le coût relativement bas de l'énergie qui a permis de rapprocher les

3. Le dioxyde de carbone ($CO_2$) est émis par combustion. Les combustibles fossiles, charbon, pétrole et gaz naturel, constituent les principales sources humaines d'émission de $CO_2$.

continents et de transformer le monde en ce « village global » que nous connaissons à présent. C'est dans ce contexte qu'il est devenu courant de consommer en Europe durant l'hiver des fruits ou légumes cultivés dans l'hémisphère austral, en Australie, en Nouvelle-Zélande ou au Chili.

La recherche des sites de production au coût le plus bas a entraîné une progression rapide des transports de marchandises ainsi qu'une forte croissance de la consommation d'énergie des pays émergents.

Dans le même temps, la libéralisation de l'économie et la déréglementation appliquée au secteur de l'énergie dans la plupart des pays industrialisés ont créé les conditions d'une concurrence de plus en plus ouverte. Il en a résulté une vague de concentrations (fusions, acquisitions) pour conférer aux nouveaux groupes industriels ainsi constitués des tailles se situant à l'échelle des marchés visés. Cette concentration progressive des entreprises industrielles a conduit à une puissance accrue des compagnies internationales opérant dans le secteur de l'énergie [5] et à une diminution du rôle des États.

Les mouvements de concentration ont été opérés d'abord dans le secteur pétrolier avec les fusions Exxon-Mobil, BP-Amoco-Arco, Chevron-Texaco, Conoco-Phillips, Total-Fina-Elf. Elles ont également concerné le secteur de la production d'électricité, avec de nombreuses fusions en Europe, qui ont conduit à renforcer la position de quelques grands acteurs tels que E.ON, RWE, Suez et EDF. Dans ce secteur, la situation n'est pas encore stabilisée et les mouvements se poursuivent actuellement, comme l'ont montré la récente fusion Suez-Gaz de France ou la prise de contrôle d'Endesa par ENEL, à l'issue d'une tentative d'OPA lancée par E.ON.

L'ouverture aux tiers des réseaux de gaz et d'électricité constitue un autre moyen de renforcer la concurrence. Les réseaux sont gérés de manière indépendante des fournisseurs d'énergie, qui les utilisent conjointement. Au niveau européen, le marché intérieur de l'énergie doit être à présent ouvert et concurrentiel. Ceci implique la séparation des réseaux de transport et des moyens de production, sous le contrôle des autorités de régulation nationales.

La mondialisation de l'économie a renforcé la dépendance vis-à-vis du pétrole, à travers la demande toujours croissante de carburants pétroliers et plus généralement de combustibles fossiles. Si on a pu observer récemment que l'économie mondiale supportait assez bien une augmentation du prix de l'énergie, par contre, une rupture, même temporaire, des approvisionnements pétroliers provoquerait une crise majeure.

Dans cette économie mondialisée, les investissements et les processus de décision dépendent de plus en plus des groupes internationaux du secteur de l'énergie, tout au moins aux stades de la transformation et de la fourniture d'énergie. En outre, au sein de l'Union Européenne, les politiques énergétiques sont de plus en plus intégrées et, de ce fait, peuvent être de moins en moins décidées à un niveau purement national.

## Le rôle croissant des pays émergents

La mondialisation de l'économie a conduit à transférer une part croissante des activités industrielles, et notamment de celles qui consomment beaucoup d'énergie, vers les pays émergents, Chine, Inde, Brésil.

La délocalisation d'une grande partie de la production dans ces pays, conjuguée au développement rapide de leurs économies, s'est traduite par une forte croissance de leur consommation d'énergie. La progression est particulièrement spectaculaire en Chine et contribue à alimenter les tensions sur l'offre.

Les conséquences sont multiples. Non seulement le développement des pays émergents contribue à augmenter le taux de croissance de la demande mondiale en énergie, mais il a également des implications sur la répartition entre les différentes énergies consommées. Ainsi, la croissance de la Chine a fait progresser rapidement la demande en charbon.

Cette situation a aussi des conséquences géopolitiques. Devenue une puissance économique majeure, la Chine cherche à sécuriser ses approvisionnements pétroliers, dont une part croissante doit être importée, en renforçant son influence politique sur les pays producteurs.

Le poids des économies occidentales, et notamment celui de l'Europe, s'en trouve réduit dans les évolutions futures du secteur énergétique.

## Perspectives d'évolution future

Il est fréquemment reproché à la mondialisation de mettre en jeu des échanges inégaux ou de créer du chômage. Il est néanmoins incontestable qu'elle a favorisé le développement rapide de pays comme la Chine ou l'Inde. Aujourd'hui, c'est dans ce cadre que se poursuit une croissance économique remarquable, à l'échelle mondiale.

Dans le secteur énergétique, cette croissance est confrontée à deux problèmes majeurs : la dépendance vis-à-vis des approvisionnements énergétiques et l'impact de la consommation d'énergie sur l'environnement.

La progression du trafic routier et aérien entraîne une forte dépendance vis-à-vis des approvisionnements pétroliers. L'urbanisation croissante renforce cette dépendance. Cette situation rend l'économie mondiale très vulnérable à une interruption des approvisionnements, dans la mesure où elle ne dispose pas de solutions de substitution immédiates. En outre, la recherche des coûts les plus bas et de la meilleure compétitivité à l'échelle mondiale ne favorisent pas les investissements à long terme.

La consommation d'énergie se traduit également par un impact de plus en plus difficilement supportable pour l'environnement. Les dommages causés ne sont pas pris en compte dans les coûts de production. Dès lors, malgré certains progrès enregistrés dans les pays les plus riches, la pollution affecte le monde à une échelle de plus en plus globale.

Le changement climatique, lié aux émissions dans l'atmosphère de $CO_2$ provenant de l'utilisation des combustibles fossiles, est devenu un des principaux risques pour l'avenir. Ce changement, qui affecte l'ensemble de la planète, est aussi un des symptômes de la mondialisation.

Malheureusement, la mondialisation, qui a été jusqu'à présent principalement économique et financière, a peu bénéficié à la résolution collective des problèmes qui affectent notre planète. Les questions d'énergie et d'environnement se posent à une échelle planétaire et les solutions à mettre en place nécessitent une gouvernance au niveau international.

Les menaces encourues vont être analysées dans les deux chapitres suivants. Elles montrent que, malgré ses réussites, le modèle économique actuel n'est pas durable et que des changements profonds dans les modes de vie ainsi que les conditions de production et d'utilisation de l'énergie vont être nécessaires.

# 2 Les dangers croissants de la situation actuelle

## Les risques associés à la consommation d'énergie

La progression continue de la demande en énergie entraîne des risques croissants non seulement pour notre économie, mais aussi pour l'ensemble de notre planète comme système vivant et habitable.

La production et la consommation d'énergie font subir une pression croissante sur l'environnement. Aux problèmes de protection de l'environnement à l'échelle locale et régionale vient s'ajouter à présent la menace que représente le changement climatique.

En même temps, la demande en énergie atteint des niveaux tels qu'il devient de plus en plus difficile d'assurer l'offre correspondante. Nous sommes ainsi confrontés, d'une part, au risque de ne pas pouvoir assurer la demande future en énergie et, d'autre part, à la menace d'une dégradation majeure et irréversible de notre environnement. La montée de ces périls intervient dans un contexte de croissance économique mondiale qui n'incite pas à adopter une attitude alarmiste. Les progrès accomplis rendent l'hypothèse d'une rupture difficile à admettre. Pourtant, seule une prise de conscience claire des risques encourus peut nous permettre d'écarter les dangers à l'horizon.

## La croissance de la demande

La demande d'énergie croît régulièrement pour répondre aux besoins d'une population mondiale qui augmente et dont le niveau de vie progresse. Le schéma de la figure 2.1 illustre les données du problème [2].

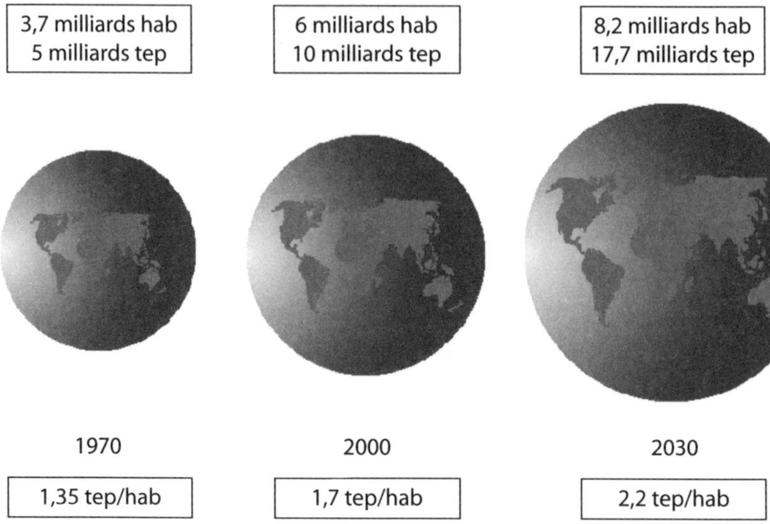


**Figure 2.1 :** Croissance de la population et de la demande d'énergie (*Source* : AIE)

En 2006, la consommation totale d'énergie primaire a progressé de 2,4 % par rapport à 2005. D'ici 2030, l'AIE prévoit dans son scénario de référence une croissance annuelle moyenne de 1,6 %, représentant une augmentation de la demande de plus de 50 % par rapport à aujourd'hui. Plus des deux tiers de cet accroissement proviendront des pays émergents et en voie de développement.

Entre le début et la fin du vingtième siècle, la consommation d'énergie mondiale a été multipliée par un facteur voisin de dix. Cela représente une croissance mondiale de 2,3 %/an en moyenne. Actuellement, le taux de croissance se maintient entre 2 et 2,5 %.

Cette croissance de la demande est liée en tout premier lieu à l'évolution démographique. La population du globe, qui était à peine supérieure à 2 milliards d'habitants il y a 50 ans, et de l'ordre de

4 milliards d'habitants il y a 30 ans, s'élève actuellement à 6,5 milliards d'habitants et devrait atteindre 8,2 milliards en 2030 puis 9,1 milliards d'habitants en 2050, malgré un ralentissement prévu du taux de natalité.

L'augmentation du niveau de vie entraîne aussi une hausse de la consommation. La consommation moyenne d'énergie de chaque habitant devrait croître en passant de 1,7 tep par habitant en l'an 2000 à 2,2 tep par habitant en 2030, comme le montre le schéma de la figure 2.1, basé sur le scénario de référence de l'AIE.

C'est la combinaison de ces deux facteurs, augmentation de la population et progression du niveau de vie, qui entraîne la croissance régulière de la demande énergétique. La demande d'énergie primaire passerait ainsi de 10 milliards de tep en 2000 à 17,7 milliards de tep en 2030 dans le scénario de référence. Si la croissance de la population et de la consommation d'énergie par habitant ralentit ensuite, la demande d'énergie primaire pourrait se situer vers 23 milliards de tep en 2050, c'est-à-dire, pour une population de 9,1 milliards d'habitants en 2050, au niveau de 2,5 tep par habitant. Avec des hypothèses de croissance plus fortes, cette demande pourrait être largement supérieure. En fait, il faut au contraire viser une réduction de la demande d'énergie primaire par habitant ; un scénario alternatif, basé sur une consommation d'énergie de 1,3 tep par habitant en 2050, sera présenté ultérieurement (*cf.* ch. 9).

## Un accès inégal à l'énergie

Alors que la puissance produite par un homme au travail est de l'ordre de 100 W, chaque habitant de la planète dispose aujourd'hui en continu d'une puissance moyenne de 2,3 kW, correspondant à une consommation moyenne d'énergie de 1,7 tonne d'équivalent pétrole par an.

Les disparités sont toutefois importantes. Ainsi, chaque citoyen des États-Unis consomme 8 tonnes d'équivalent pétrole par an, soit deux fois plus qu'un Européen et dix fois plus qu'un Chinois. Avec

5 % de la population mondiale, les États-Unis utilisent près de 25 % de l'énergie primaire produite dans le monde et 50 % de l'essence automobile consommée par les voitures.

Dans le domaine du transport automobile, malgré une progression rapide, les Chinois ne disposent encore que de 20 voitures pour 1 000 habitants, alors que les Européens en ont 600 et les Américains 800.

La difficulté à assurer les besoins en énergie conduit les populations pauvres à utiliser des ressources en bois, souvent très limitées, pour les besoins de cuisson et de chauffage, accélérant de ce fait la déforestation. Lorsque l'exploitation de la biomasse conduit à la désertification, il est clair qu'on ne peut plus parler d'énergie « renouvelable ».

Ces inégalités existent depuis longtemps, au point d'être fréquemment ressenties dans les pays les plus nantis comme allant de soi. Pourtant, la progression rapide de grands pays émergents comme la Chine et l'Inde montre qu'une telle situation peut rapidement évoluer. D'autres pays, notamment en Afrique, auront besoin d'énergie pour assurer leur décollage économique.

Il est essentiel de prendre en compte ces besoins fondamentaux, ce qui, dans la situation actuelle, implique une progression de la demande d'énergie.

## Les risques sur la fourniture d'énergie à long terme

La croissance continue de la demande engendre des interrogations sur la disponibilité d'énergie à long terme, en quantités suffisantes pour éviter une crise majeure, sachant que l'essentiel de l'offre provient de ressources par définition limitées.

Comme cela a déjà été précisé dans le chapitre précédent, la fourniture d'énergie repose aujourd'hui essentiellement sur les combustibles fossiles qui représentent un peu plus de 80 % de l'énergie primaire consommée dans le monde.

Cette part se maintient à ce niveau jusqu'en 2030 selon le scénario de référence de l'AIE (figure 2.2).

Certes, les ressources en énergies fossiles ne seront pas épuisées à court terme. Les réserves prouvées de pétrole représentent environ 40 ans de consommation au rythme actuel, celles de gaz naturel 64 ans et celles de charbon près de 150 ans [8, 84, 86].

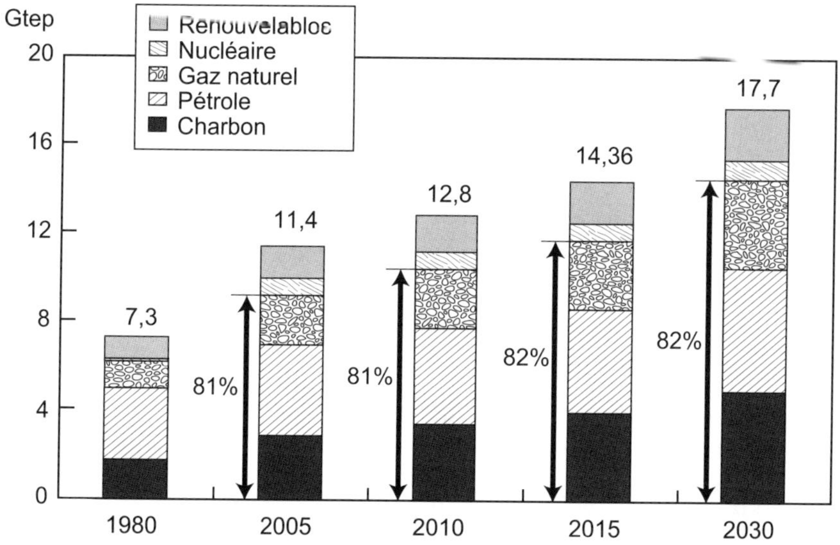


**Figure 2.2 :** Évolution de la fourniture d'énergie primaire
(*Source* : AIE)

Des incertitudes pèsent néanmoins sur les approvisionnements énergétiques et notamment les approvisionnements pétroliers. Le renouvellement des réserves s'effectue à un rythme inférieur au rythme de la consommation : aujourd'hui, on ne renouvelle annuellement que le tiers des réserves prouvées consommées à l'échelle mondiale. Il est ainsi inévitable à terme d'arriver à un plafonnement de la production pétrolière, suivi d'un déclin. Ce point est examiné plus en détail au chapitre 7.

## La vulnérabilité accrue des pays consommateurs

La répartition des réserves en combustibles fossiles fait apparaître une forte dépendance des pays industrialisés vis-à-vis des importations de combustibles fossiles et tout particulièrement de pétrole. La majorité des réserves en hydrocarbures est concentrée au Moyen-Orient et la dépendance des pays industrialisés vis-à-vis des importations pétrolières tend à croître au cours du temps.

C'est le cas des États-Unis qui importent de plus en plus massivement leur pétrole et sont à présent dépendants à 65 % des importations pétrolières. En ce qui concerne le gaz naturel, les importations en provenance du Canada étant amenées à décliner, ils sont conduits à importer de plus en plus de GNL[4].

La dépendance énergétique de l'Union Européenne est particulièrement forte en ce qui concerne le pétrole (85 % de pétrole importé, sans tenir compte de la Norvège, 65 % en incluant la Norvège). Elle est voisine de 50 % pour le gaz naturel (57 % sans la Norvège, 43 % en incluant la Norvège) et de 40 % pour le charbon.

En Asie, le Japon est totalement dépendant des importations pour ses consommations de pétrole et de gaz naturel, livré sous forme de GNL. La croissance économique spectaculaire de la Chine entretient une tension de plus en plus forte sur les marchés de l'énergie, l'expansion de la demande chinoise se traduisant par un accroissement rapide des importations. La dépendance de la Chine et de l'Inde tendent à augmenter, en même temps que leur économie progresse ; ces pays déploient les infrastructures et investissements visant à favoriser les approvisionnements énergétiques et, en tout premier lieu, ceux de pétrole. Par ailleurs, la Chine s'appuie fortement sur ses réserves de charbon, avec des implications préoccupantes pour l'environnement. Ces contraintes pourraient l'inciter à diversifier davantage ses sources d'énergie, en attribuant notamment une place plus grande au gaz naturel.

4. GNL : Gaz Naturel Liquéfié, transporté en mer dans des méthaniers, à très basse température et sous forme liquide.

Dans ce contexte, la dépendance vis-à-vis des importations énergétiques représente un facteur de risque croissant pour les pays consommateurs et constitue un facteur d'instabilité. Chaque fois que les livraisons d'un pays exportateur sont arrêtées ou même simplement ralenties, les conséquences se répercutent au niveau mondial et induisent des hausses de prix qui peuvent être brutales.

## La dépendance des transports vis-à-vis du pétrole

Le secteur du transport est particulièrement vulnérable. En effet, les transports routiers et aériens font appel à des carburants liquides qui dépendent presque exclusivement du pétrole et consomment plus de la moitié du pétrole produit dans le monde.

Les transports routiers dépendent à 97 % du pétrole. La croissance rapide du trafic passager et marchandise va entraîner inévitablement une augmentation de la demande pétrolière, sauf si des solutions de substitution sont mises en place rapidement, ce qui n'est pas simple à réaliser. En effet, les carburants liquides permettent de stocker sous une forme facilement manipulable des quantités importantes d'énergie, et, comme on le verra au chapitre 6, il est difficile de trouver des solutions de substitution présentant des avantages comparables.

La dépendance du transport aérien est également préoccupante, compte tenu de la hausse du trafic, appelé à doubler tous les quatorze ans. La part de l'aviation dans la consommation mondiale de carburants destinés au transport, qui est déjà passée de 10,7 % au niveau mondial vers 1990 à 13,5 % en 2000, devrait encore augmenter dans l'avenir. À l'heure actuelle, le fonctionnement du transport aérien est entièrement dépendant de la fourniture de kérosène issu du pétrole.

Le commerce international, qui dépend de plus en plus des moyens de transport routier et aérien, serait ainsi complètement paralysé en cas de rupture des approvisionnements pétroliers.

## Les effets de la consommation d'énergie sur l'environnement aux niveaux local et régional

La consommation d'énergie entraîne des émissions de polluants. La pollution locale, caractéristique des agglomérations urbaines ou liée aux émissions d'une unité industrielle (usine, cimenterie, raffinerie, etc.), se transforme en pollution régionale par l'accumulation des polluants dans l'atmosphère. La pollution devient globale lorsqu'elle concerne l'ensemble de la planète et c'est la situation à laquelle il faut faire face dans le cas des gaz à effet de serre.

La pollution locale en milieu urbain est essentiellement due aux transports. Les principaux polluants rejetés par les véhicules automobiles sont le monoxyde de carbone, les hydrocarbures imbrûlés, les oxydes d'azote ainsi que les particules.

Des teneurs élevées en oxydes d'azote et en hydrocarbures imbrûlés dans l'atmosphère favorisent les réactions photochimiques qui se produisent en présence d'un rayonnement solaire important, donc principalement en été. Ces réactions conduisent à la formation d'ozone et d'autres composés oxydants (peroxyde d'hydrogène, aldéhydes, péroxy acétyl nitrate ou PAN). L'ozone qui se forme ainsi dans les couches basses de l'atmosphère (ozone troposphérique) est irritant et nocif à respirer. Il a un effet néfaste sur la santé, notamment sur le système respiratoire, ainsi que sur l'environnement en attaquant la végétation et constitue ainsi un indicateur de pollution, à la différence de l'ozone présent dans les couches élevées de l'atmosphère (ozone stratosphérique), qui nous protège d'un rayonnement ultra-violet excessif, et qu'il faut préserver.

Les fines particules émises notamment par les véhicules à moteur diesel constituent une source de pollution particulièrement préoccupante dans les agglomérations. Les particules prises en compte dans l'analyse de la pollution atmosphérique sont les particules de diamètre inférieur à 10 μ ($PM_{10}$). Les particules de diamètre inférieur à 2,5 μ ($PM_{2.5}$) semblent les plus dangereuses. Les plus fines d'entre elles, de diamètre compris entre 0,01 et 0,1 μ, pénètrent profondément dans les voies respiratoires jusque dans les alvéoles pulmonaires, dans lesquelles elles ne sont éliminées que lentement, et à condition que l'exposition à la pollution ne soit pas permanente. Les risques pour la santé sont d'ordre pulmonaire et cardiaque. Des polluants adsorbés sur les particules pénètrent également dans l'organisme par cette voie.

Certains composés organiques aromatiques (benzène), polycycliques (HAP) ou aldéhydes (tels que le formaldéhyde) émis par les automobiles sont par ailleurs potentiellement cancérigènes.

Dans les pays industrialisés (États-Unis, Europe, Japon), des progrès importants ont été réalisés dans la réduction des émissions de polluants, grâce à l'introduction de normes de plus en plus contraignantes pour les véhicules neufs.

La pollution des grands centres urbains reste néanmoins difficile à maîtriser en raison de l'augmentation constante du trafic, malgré les progrès techniques réalisés. C'est particulièrement vrai dans le cas des pays en voie de développement (PED).

Au niveau régional subsistent des pollutions importantes, liées notamment à la présence de soufre dans les combustibles fossiles (charbon, fuel lourd). Les émissions d'oxydes de soufre et d'oxydes d'azote contribuent à la pollution de l'atmosphère et produisent des pluies acides, nocives pour les forêts et les lacs. L'atmosphère est également polluée par les suies et goudrons émis par les véhicules ou les installations industrielles, l'oxyde de carbone résultant d'une combustion incomplète, les hydrocarbures imbrûlés ainsi que les composés organiques volatils (COV) provenant de l'évaporation ou de la combustion incomplète des carburants.

En Asie, la pollution industrielle entraînée par le développement de l'économie produit d'avril à octobre un vaste nuage brun, formé d'aérosols soufrés mélangés à de l'oxyde de carbone, de l'ozone, des oxydes d'azote, de la suie et des poussières. Ce nuage réduit le rayonnement solaire et les précipitations de 20 à 40 %.

Dans ce domaine, des progrès sont également en cours, à la fois en ce qui concerne les solutions techniques et la réglementation en vigueur. Ainsi, le protocole de Göteborg, approuvé par les Nations-

Unies en 1999, prévoit une réduction de 75 % des émissions d'oxydes de soufre ($SO_2$) et de 49 % des émissions d'oxydes d'azote (NOx) par rapport au niveau de 1990 [6].

Parmi les problèmes rencontrés, la pollution des mers liée au transport de pétrole brut est largement médiatisée. Les marées noires provoquées par les naufrages accidentels de pétroliers ont des conséquences très visibles, mais ne représentent en fait qu'une fraction relativement faible de l'ensemble des déversements en mer d'hydrocarbures. Leur nombre est par ailleurs en constante diminution.

Les déversements accidentels de pétrole en mer ont été divisés par 10 depuis 30 ans, alors que depuis 1980 le trafic pétrolier maritime s'est accru de 80 %. En outre, l'introduction accélérée de pétroliers à double coque rend le risque de marée noire de plus en plus faible. Par contre, les rejets intentionnels, liés notamment au nettoyage des cuves, difficiles à observer et à sanctionner, demeurent pratiqués et constituent une source importante de déversements.

Les risques pour l'environnement ne concernent pas que les combustibles fossiles. Le développement du nucléaire pose également un certain nombre de problèmes. Les risques encourus ne sont pas faciles à apprécier, car ils sont liés le plus souvent à des phénomènes accidentels, plutôt qu'à un fonctionnement normal. De ce fait, le niveau du danger pour l'environnement et le public est sujet à polémiques. Il est lié à la gestion des déchets radioactifs ainsi qu'aux fuites accidentelles de produits toxiques tout au long de la filière de production.

La protection de l'environnement nécessite donc des efforts constants. Les actions à engager pour lutter contre le changement climatique ne doivent pas nous détourner des mesures à prendre pour protéger l'environnement au niveau local.

## Les risques pour l'environnement au niveau mondial

La mondialisation, qui favorise la délocalisation des activités de production, conduit aussi à délocaliser la pollution. En effet, la recherche des conditions de production les plus compétitives conduit à sélectionner pour les sites de production les secteurs géographiques où la politique environnementale est la plus laxiste. Des sites de production où se concentrent les activités polluantes, parfois qualifiés de « havres de pollution » (*pollution haven*), se constituent dans les pays en voie de développement (PED). La mondialisation a ainsi pour effet de réduire la pollution dans les pays les plus riches, mais au contraire de l'aggraver dans les PED [6].

La pollution tend à se répandre à une échelle de plus en plus étendue. De locale, elle devient régionale puis mondiale.

L'apparition du « trou d'ozone » au-dessus du pôle, du fait de la destruction de l'ozone troposphérique par les composés halogénés qui étaient utilisés notamment comme fluides réfrigérants, a constitué un cas de pollution globale. Il a été possible de résoudre le problème par un accord international bannissant l'utilisation de tels fluides [7].

Au cours des dix dernières années, la question du changement climatique est devenue de plus en plus préoccupante. Elle est directement liée aux émissions considérables de $CO_2$ qu'entraîne l'utilisation des combustibles fossiles et représente à présent la principale pollution globale.

Pour faire face à une telle situation, il est nécessaire de conclure un accord international, impliquant une majorité de pays concernés. Aboutir à un tel accord est bien entendu d'autant plus difficile que les efforts à consentir sont importants.

## Des menaces croissantes

La forte dépendance de l'économie vis-à-vis de la consommation d'énergie entraîne ainsi deux risques majeurs :

- **Une rupture des approvisionnements en hydrocarbures**

L'économie mondiale dispose d'une certaine flexibilité vis-à-vis des approvisionnements de pétrole, mais la marge d'adaptation reste limitée, surtout lorsqu'il n'existe pas de solution de substitution à court terme, comme c'est le cas notamment pour les transports routier et aérien. L'impact d'une crise ne doit pas être sous-estimé. Une telle crise conduirait non seulement à une limitation des déplacements, mais pourrait aussi bloquer l'ensemble du fonctionnement économique. En outre, le développement des pays les plus pauvres serait irrémédiablement compromis, augmentant encore la pauvreté et les tensions dans le monde.

- **Une catastrophe environnementale**

En dépit des quelques progrès enregistrés, la progression de la pollution de l'atmosphère, des mers et des sols risque d'avoir des conséquences dramatiques sur la santé, la qualité de l'eau et la production agricole.

Aujourd'hui, toutefois, le risque le plus important et le plus immédiat concerne le changement climatique causé par les émissions humaines de gaz à effet de serre.

Le chapitre suivant est consacré à l'analyse des effets du changement climatique, qui mettent en péril l'avenir même de notre planète.

# 3 La menace du changement climatique

## Un risque majeur pour la planète

Les effets sur l'environnement des émissions de gaz à effet de serre liées à la consommation d'énergie n'ont été clairement perçus que récemment, mais risquent d'avoir des conséquences dramatiques.

La consommation de combustibles fossiles conduit à rejeter dans l'atmosphère sous forme de $CO_2$ le carbone extrait du sous-sol via le pétrole, le gaz et le charbon. La concentration en $CO_2$ dans l'atmosphère augmente ainsi progressivement. Malgré des teneurs relativement faibles, le $CO_2$ présent modifie la transparence de l'air vis-à-vis du rayonnement infrarouge, en agissant comme le vitrage qui équipe une serre agricole.

Il en résulte un réchauffement climatique déjà amorcé et qui devrait se poursuivre en s'amplifiant si les mesures nécessaires ne sont pas prises à temps.

Dès la fin du XIXe siècle, le chimiste suédois Arrhénius avait prévu les conséquences d'une augmentation de la teneur en $CO_2$ dans l'atmosphère sur l'augmentation de la température moyenne à la surface de la terre. Toutefois, les risques encourus n'ont été vraiment compris que récemment.

Le réchauffement climatique est à présent largement couvert par les médias et fait l'objet de nombreuses réunions internationales. Les actions déjà engagées restent toutefois pour le moment très en deçà de ce qu'il faudrait faire.

## L'effet de serre

Le $CO_2$ émis dans l'atmosphère se comporte comme un gaz à effet de serre, selon un mécanisme qui est schématisé sur la figure 3.1. L'atmosphère est transparente au rayonnement de lumière solaire incident transmis dans le spectre de la lumière visible, mais l'énergie solaire reçue par la Terre est en partie réémise sous forme d'un rayonnement infrarouge. Ce rayonnement peut être en partie arrêté par certains gaz présents dans l'atmosphère, les gaz à effet de serre et renvoyé vers la Terre, dont la surface subit un réchauffement.

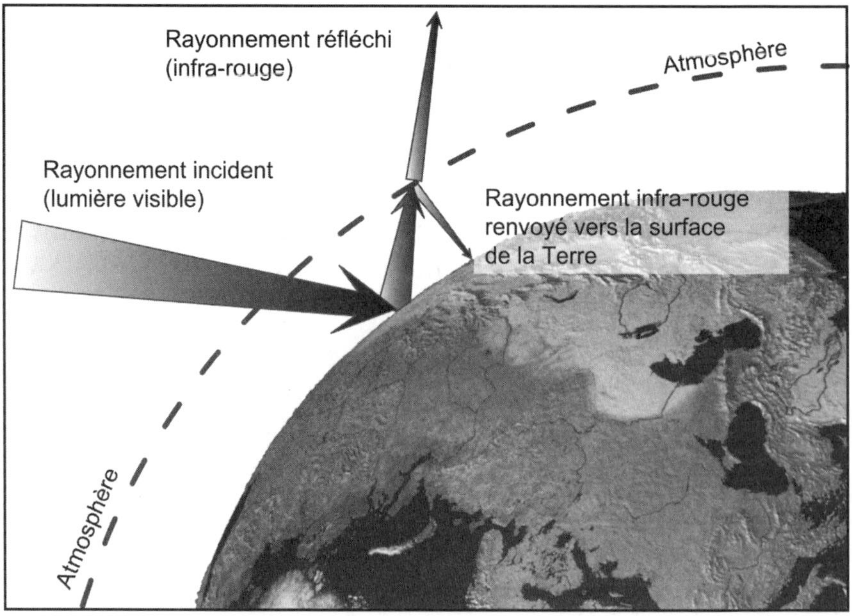


**Figure 3.1 :** Mécanisme de l'effet de serre

Le $CO_2$ n'est pas le seul gaz à effet de serre. D'autres gaz dont l'émission résulte de l'activité humaine contribuent également au déséquilibre thermique de la terre : ce sont notamment le méthane, le protoxyde d'azote et l'ozone. Les activités agricoles participent aux émissions de gaz à effet de serre : outre les émissions de $CO_2$

dues à l'utilisation d'énergie fossiles, elles contribuent aux émissions de méthane (émis par les bovins et par les rizières) ainsi que de protoxyde d'azote. Certains gaz industriels participent également au réchauffement, notamment les gaz halogénés tels que le tétrafluorure de carbone et l'hexafluorure de soufre.

La contribution de ces gaz à effet de serre dépend de leur potentiel de réchauffement global (PRG), qui mesure l'absorption du rayonnement infrarouge réémis dans l'atmosphère. Le $CO_2$ sert de référence et son PRG est de 1. Celui du méthane est de 22, celui du protoxyde d'azote de 310 et celui de l'hexafluorure de soufre de 23 900 !

Il faut également prendre en compte la concentration du gaz et son temps de séjour moyen dans l'atmosphère. Ce temps est de l'ordre de 12 ans pour le méthane, dont l'effet est ainsi moins pénalisant que ne le laisserait prévoir son PRG. Il faut toutefois noter que les mécanismes de circulation dans l'atmosphère et d'échange avec le sol et les océans de ces différents constituants sont complexes. Ceci conduit à des incertitudes sur le comportement à long terme du $CO_2$ dans l'atmosphère et sur la durée nécessaire pour revenir à l'équilibre, en cas de perturbation. Ce retour à l'équilibre s'effectue dans un premier temps par une absorption sur plusieurs siècles de la plus grande partie du $CO_2$ de l'atmosphère par les océans et la biosphère, suivie d'une très lente réaction de minéralisation, conduisant à l'incorporation dans les roches carbonatées, sur une durée pouvant être de l'ordre de 100 000 ans. Une telle durée va très au-delà de nos possibilités de prévision actuelles, d'autant plus qu'une nouvelle ère glaciaire est prévue dans 10 000 ans. En tout état de cause, le retour spontané à l'équilibre ne pourra être que très lent.

La vapeur d'eau est aussi un gaz à effet de serre, mais elle se condense sous forme de nuages et ne s'accumule pas dans l'atmosphère.

Dans l'ensemble des gaz à effet de serre, le dioxyde de carbone est celui qui contribue le plus à l'effet de serre additionnel lié aux activités humaines en raison des quantités considérables émises du fait de l'activité humaine (« anthropiques »). C'est aussi un gaz dont les émissions croissent de manière continue au cours du temps. Il joue ainsi un rôle prédominant dans les risques futurs de changement climatique.

## L'impact des émissions de gaz à effet de serre sur le changement climatique

La prise de conscience des risques encourus n'est intervenue que récemment.

En 1988, une étape décisive a été franchie avec la création du Groupe intergouvernemental d'experts sur l'évolution du climat (GIEC[1]), à l'initiative commune de l'Organisation Météorologique Mondiale (OMM) et du Programme des Nations Unies pour l'Environnement (PNUE).

Le premier rapport du GIEC a débouché en 1992 sur l'adoption de la Convention « climat », aujourd'hui ratifiée par 189 États. Le deuxième rapport date de 1996 et a précédé la signature du Protocole de Kyoto. Le troisième rapport, paru en 2001, a conduit à l'adoption de mesures de contrôle et de sanctions visant à l'application effective du Protocole de Kyoto [19]. Le quatrième rapport, paru en 2007, confirme les principales conclusions du rapport précédent, en les affinant.

Plus de 2 000 scientifiques appartenant à 154 pays contribuent aux travaux du GIEC. La recherche du consensus conduit le GIEC à faire preuve de réserve et il est donc possible que les conséquences du changement climatique s'avèrent plus dramatiques que celles qui sont annoncées.

Le lien entre l'accroissement des émissions de $CO_2$ et l'augmentation de la température moyenne observée sur l'ensemble de la planète apparaît actuellement comme de mieux en mieux établi. Depuis 1860, début de l'ère industrielle, la température moyenne à la surface du globe a augmenté de 0,8 °C.

1. En anglais, IPCC : *Intergovernmental Panel on Climate Change.*

Des fluctuations de température ont déjà eu lieu dans le passé. Les cycles climatiques de longue période sont dus aux variations de l'orbite terrestre autour du soleil. C'est le cas notamment des cycles glaciaire-interglaciaire, dont la périodicité est de l'ordre de 100 000 ans. Nous vivons actuellement une période interglaciaire et la tendance à une légère décroissance de la température moyenne, observée au cours des huit cents premières années du millénaire passé, traduit l'approche dans 10 000 ans d'un nouvel âge glaciaire. La soudaine remontée de la température moyenne à partir du début de l'ère industrielle apparaît comme une anomalie s'écartant des évolutions passées, à la fois par son ampleur relative ainsi que par la rapidité du changement, à l'échelle des temps géologiques. D'autres phénomènes de plus courte périodicité interviennent également, et en particulier les variations d'activité solaire. Cette activité qui avait augmenté au cours des siècles précédents pourrait expliquer en partie le réchauffement actuel, mais en aucun cas l'ampleur de la variation observée, ni le fait que, depuis 1980, le réchauffement climatique s'accélère alors que l'activité solaire reste stable.

Quelques rares scientifiques continuent à se déclarer sceptiques sur la relation entre changement climatique et émissions de gaz à effet de serre liées aux activités humaines. Les principaux « sceptiques » déclarés se trouvent aux États-Unis où les positions sur le changement climatique restent un enjeu politique. Comme il apparaît de plus en plus difficile de nier la réalité d'un changement climatique, ils tentent à présent de dénoncer le côté exagérément alarmiste, selon eux, de la présentation qui en est faite. C'est notamment la position affichée par Richard S. Lindzen, professeur au MIT, le représentant le plus fréquemment cité de cette minorité [20].

L'évolution de ces dernières années a renforcé la conviction de la plupart des scientifiques que l'élévation de la température moyenne observée est effectivement corrélée aux activités humaines et en particulier à l'augmentation de la teneur en $CO_2$ dans l'atmosphère, qui est passée de 270 ppm[2] vers 1850 à 380 ppm en 2005. L'évolu-

2. ppm = parties par million.

tion de la teneur en $CO_2$ dans l'atmosphère est représentée sur la figure 3.2.

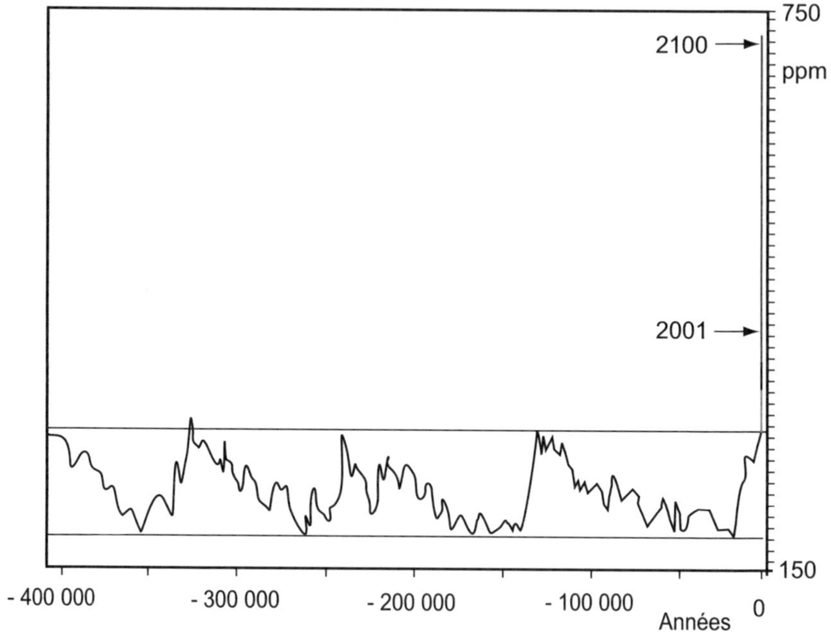


**Figure 3.2 :** Évolution de la teneur en $CO_2$ dans l'atmosphère
(*Sources* : rapports du GIEC)

Cette teneur a fluctué au cours des 400 000 dernières années, de même que la température, dont les variations sont corrélées à la teneur en $CO_2$ dans l'atmosphère. La variation actuelle se situe toutefois en dehors de l'intervalle de fluctuation observé au cours des ères géologiques qui nous ont précédés et si la tendance se poursuit, la teneur en $CO_2$ dans l'atmosphère pourrait doubler d'ici la fin du siècle, pour atteindre une valeur de 750 ppm, voire dépasser 1 000 ppm, en provoquant des transformations catastrophiques du climat.

En effet, d'après les modélisations effectuées, l'élévation moyenne de la température pourrait atteindre de 2 à 4 °C d'ici la fin du siècle, voire même 6 °C [9-12], alors qu'une élévation supérieure à 2 °C est jugée intolérable.

## Les symptômes du changement climatique

Au cours de ces dernières décennies, différents symptômes du changement climatique ont déjà été observés :

- **Le recul généralisé des glaciers dans le monde**

Ce recul est général en Europe, mais aussi en Amérique du Nord comme du Sud, ainsi qu'en Afrique. Les neiges légendaires du Kilimandjaro sont en train de disparaître. Les glaciers des Andes, comme ceux des Montagnes Rocheuses, reculent également.

Une évolution rapide affecte les glaces de l'Arctique. La banquise a fortement reculé et l'épaisseur de la calotte glaciaire a diminué de 40 % en une trentaine d'années, passant de 3,1 m à 1,8 m en moyenne. Les glaces de l'Arctique pourraient fondre complètement en été avant la fin du siècle.

- **La montée régulière du niveau des mers**

La fonte des glaces alimente une montée du niveau des mers, qui s'est effectuée à un rythme proche de 3 mm par an au cours des douze dernières années, au lieu de 2 mm par an au cours des décennies précédentes. La hausse du niveau des mers est également due à la dilatation thermique, qui expliquerait environ la moitié de la montée observée. Si cette montée se poursuit, de nombreuses régions côtières pourraient être inondées dans l'avenir, telles que le Bangladesh et le delta du Gange, les Maldives ainsi qu'une grande partie de la Floride et des Pays-Bas.

- **La multiplication des épisodes de canicule et de sécheresse**

Des épisodes répétés de canicule et de sécheresse ont été observés au cours des dernières années, notamment en Europe. Ces épisodes ne peuvent pas être directement reliés au changement climatique, mais leur multiplication constitue un indice des effets du changement climatique qui s'ajoute aux nombreux autres indices observés.

Au cours de la canicule de 2003, 20 000 décès ont été recensés en Europe, dont 13 000 en France. Onze des douze dernières années figurent au palmarès des douze années les plus chaudes depuis que l'on dispose d'enregistrements fiables, c'est-à-dire depuis 1850. Différentes régions du monde, dont l'Europe du Sud, le Sahel et l'Australie, connaissent des phénomènes de sécheresse, avec des risques de désertification accrus.

La canicule et la sécheresse favorisent les incendies de forêts, comme on a pu l'observer tout particulièrement au cours de l'été 2007, notamment en Grèce.

### • Les cyclones et pluies torrentielles

L'évaporation de l'eau provoquée par l'élévation de température, à l'origine des phénomènes de sécheresse observés, produit une augmentation de l'humidité de l'air, à l'origine de pluies torrentielles ailleurs dans le monde. De graves inondations ont affecté l'Europe, ainsi que l'Asie, avec une intensification des précipitations liées à la mousson.

Des cyclones particulièrement violents, tels que le cyclone Katrina, se sont également produits ces dernières années, sans qu'il soit encore possible de les attribuer au changement climatique.

### • L'impact sur la biosphère

De nombreux effets du changement climatique sur la biosphère sont observés dès à présent.

Le blanchiment des coraux, dont la cause est attribuée à une augmentation de la température de l'eau, en est une des manifestations les plus visibles.

La perte très marquée de biodiversité dans le monde s'explique par des causes multiples, mais l'effet spécifique du changement climatique a pu être mis en évidence pour certaines espèces. De proche en proche, les conséquences de la disparition de ces espèces affectent l'ensemble de l'écosystème dans lequel elles évoluent.

Par ailleurs, l'élévation de la température provoque un déplacement des écosystèmes. Ainsi, un accroissement de 3 °C de la température correspond à un déplacement de 300 à 400 km en latitude. Ceci peut s'avérer fatal pour un écosystème déjà en place, par exemple en permettant la propagation d'un parasite jusque-là absent.

La relation entre les différents phénomènes observés et le changement climatique global doit être analysée avec une certaine prudence, compte tenu de la complexité et de la variabilité des phénomènes météorologiques. Leur simultanéité est toutefois révélatrice d'un changement de grande ampleur. Outre des effets observables localement, on constate également des transformations profondes affectant l'ensemble de la planète.

## Rétroaction positive et effets de seuil

Des mécanismes dits de « rétroaction positive » risquent d'aggraver encore le changement climatique. Une rétroaction positive consiste en une amplification des émissions de $CO_2$, les émissions anthropiques libérant des gaz à effet de serre piégés dans le sol, l'océan, la terre et la biosphère.

Ainsi, des quantités importantes de méthane piégées dans le *permafrost*[3] risquent d'être libérées par suite de l'élévation de température. Ce méthane est enfermé dans des cristaux formés en présence d'eau, les hydrates. À partir du moment où le niveau de température provoquant la décomposition des hydrates est atteint, la libération du méthane intervient rapidement. Le potentiel de réchauffement du méthane étant relativement élevé, le risque encouru est considérable. Les premiers signes d'un dégel du permafrost en Sibérie peuvent faire craindre une telle évolution dans un avenir assez proche.

Les courants marins tels que le Gulfstream pourraient être modifiés, avec des conséquences sur le climat des régions concernées. Le

3. *Permafrost* : sol perpétuellement gelé des régions arctiques (Robert).

changement climatique risque aussi d'affecter les phénomènes d'interaction entre les mouvements des couches océaniques et les vents dominants, tels que ceux qui conduisent au phénomène de El Niño. El Niño est un grand courant marin, qui revient périodiquement dans le Pacifique. Il est provoqué par les vents dominants, et se traduit par un mécanisme d'oscillation de l'atmosphère couplé avec les mouvements des couches océaniques. Ce mécanisme d'oscillation entraîne des modifications des conditions climatiques et du régime des pluies. Les effets désastreux qui ont pu être associés à El Niño, tels que sécheresse et famine, feux de forêts[4] ainsi qu'inondations, illustrent l'ampleur des conséquences possibles d'un dérèglement climatique.

D'autres phénomènes de « rétroaction positive » sont susceptibles d'amplifier le déséquilibre : ainsi, la disparition de l'effet réfléchissant de la banquise vis-à-vis du rayonnement solaire, qualifié d'effet « albédo », va contribuer à augmenter la quantité de chaleur absorbée par le sol et donc à en réchauffer la surface.

L'augmentation de la température pourrait aussi porter atteinte aux forêts tropicales, qui aujourd'hui captent une partie du $CO_2$ de l'atmosphère. Si demain elles disparaissent, elles libéreront le carbone qu'elles ont stocké jusqu'à présent. Ces risques concernent tout particulièrement les forêts subtropicales, dont la disparition pourrait s'accélérer à partir d'un certain seuil d'élévation de température. Une réduction de leur superficie, en provoquant une modification du régime des pluies, entraîne une réduction de la quantité d'eau reçue par la forêt restante, ce qui produit une réaction en chaîne. Des vagues de chaleur répétées favorisent également le déclenchement de feux de forêts. La forêt amazonienne pourrait ainsi disparaître en un temps relativement court.

Enfin, un risque majeur identifié par le GIEC dans son dernier rapport réside dans une réduction, sous l'effet de l'augmentation de la température, de la capacité des océans à agir comme puits de car-

4. L'épisode désastreux des feux de forêts gigantesques qui ont affecté l'Indonésie en 1997 est lié à El Niño.

bone, avec comme conséquence un flux supplémentaire de $CO_2$ dans l'atmosphère.

Tous ces exemples montrent que les effets du changement climatique risquent de s'amplifier brutalement à partir d'un seuil qui pourrait être atteint dans un avenir assez proche. La survie de l'ensemble des écosystèmes à la surface de la Terre est concernée par de tels effets de seuil.

## Les dangers d'un dérèglement du climat

Les conséquences dramatiques d'une élévation de la température augmentent rapidement. Pour 1 °C d'élévation, on estime que l'acidification des océans provoquerait des dommages importants sur les récifs coralliens et les écosystèmes de la zone arctique. Pour 1,5 °C, on observerait une fonte irréversible de la calotte polaire au Groenland. Entre 2 et 3 °C, de nombreux écosystèmes, en particulier celui de l'Amazonie, seraient en danger. À 3 °C, on se trouverait dans des conditions conduisant à l'extinction massive de nombreuses espèces végétales et animales, dans des conditions analogues à celles qui ont conduit aux grandes extinctions intervenues au cours des âges géologiques.

Il paraît donc indispensable de ne pas dépasser une élévation de température de 2 °C. D'après les modélisations effectuées, il faut pour cela limiter impérativement la teneur en $CO_2$ dans l'atmosphère qui sera atteinte en 2050, à une valeur comprise entre 400 et 450 ppm.

La vulnérabilité des différents pays varie selon leur position géographique et leurs capacités d'adaptation. Les pays industrialisés du Nord sont moins vulnérables que les pays en voie de développement du Sud, compte tenu de leurs latitudes, mais aussi de leur capacité d'investir pour s'adapter au changement climatique. Des pays émergents comme l'Inde ou la Chine sont fortement exposés aux risques du changement climatique, qui pourrait affecter leur développement. Une très grande partie de la population mondiale est ainsi gravement concernée.

Faut-il par ailleurs considérer qu'il y aura des gagnants et des perdants, et que les pays du Nord (ou de l'extrême sud) vont bénéficier du changement climatique ? Une telle attitude serait hasardeuse et risquée. Il est possible que certains pays puissent tirer des avantages partiels de la situation, tant que le changement climatique restera modéré. Si ce changement s'amplifie, ils auront eux-mêmes à subir des conséquences dramatiques et les tensions résultant de la détresse des pays les plus touchés deviendront insurmontables. La famine, le manque d'eau, les inondations et les risques accrus d'épidémies entraîneront immanquablement des migrations massives et des conflits, d'autant plus intenses qu'il s'agira de conflits de survie. Malgré les incertitudes qui subsistent, il est donc urgent de lutter par tous les moyens contre un réchauffement climatique qui menacerait l'intégrité de notre planète.

Le rapport Stern estime à plus de 5 500 milliards d'euros l'impact économique du changement climatique en l'absence de mesures adéquates à prendre dès à présent [13]. Il montre que l'inaction peut s'avérer beaucoup plus coûteuse que les mesures à prendre dès maintenant pour éviter l'aggravation des phénomènes liés au changement climatique.

Un plan d'action vigoureux est nécessaire. Le protocole de Kyoto a marqué un début de prise de conscience, mais des mesures beaucoup plus radicales devront être mises en place à l'avenir.

## Le protocole de Kyoto et l'après-Kyoto

En 1997, les 188 pays signataires se sont réunis à Kyoto en vue de prendre des engagements contraignants. Parmi les pays signataires, 38 pays industrialisés (dits de l'Annexe 1) se sont engagés à réduire globalement de 5,2 % entre 2008 et 2012 leurs émissions de $CO_2$ par rapport à leur niveau de 1990. Le protocole de Kyoto n'est devenu effectif qu'en 2005, après sa ratification par la Russie. À ce jour, 172 pays ont ratifié le protocole, mais les États-Unis ont refusé de s'y joindre.

L'Union Européenne, dans son ensemble, s'est engagée à réduire ses émissions de 8 %. La répartition de l'effort à consentir par chacun des États a conduit pour la France à une simple stabilisation des émissions.

Pour atteindre ces objectifs, chaque pays peut, non seulement utiliser tout un ensemble de mesures internes (taxation de l'énergie, incitations aux économies d'énergie, etc.), mais aussi recourir à trois mécanismes dits de « flexibilité » :

- Le mécanisme de mise en œuvre conjointe (MOC) permet à un pays de l'Annexe 1 d'acquérir des crédits d'émissions de $CO_2$ en contrepartie d'investissements réalisés dans des projets permettant une réduction d'émissions de gaz à effet de serre (GES) dans d'autres pays signataires du Protocole de Kyoto.
- Le mécanisme de développement propre (MDP) repose sur le même principe que celui de la MOC mais les investissements sont dans ce cas réalisés dans des pays comme la Chine, l'Inde ou le Brésil, ne faisant pas partie des pays de l'Annexe 1.
- Le marché des permis d'émissions négociables de $CO_2$ permet d'échanger les quotas d'émissions de $CO_2$ attribués aux entreprises (*Emissions Trading Scheme – ETS*). Une entreprise dont les émissions réelles de $CO_2$ sont supérieures à son quota a la possibilité de se mettre en conformité, en fin de période, en achetant sur le marché les quotas manquants. Ceci n'est possible que si, en contrepartie, d'autres entreprises émettent moins que leurs quotas et mettent sur le marché les quotas qu'elles détiennent en surnombre.

Parmi les grands pays industrialisés, seuls les États-Unis restent en dehors du Protocole de Kyoto, car l'Australie vient de le ratifier. Un certain nombre d'États, dont la Californie, ont néanmoins adopté un système très proche.

Simultanément, il apparaît clairement que certains pays signataires ne respecteront pas les engagements de Kyoto. Ainsi, le Premier ministre actuel du Canada a déclaré que son pays n'atteindrait pas ces objectifs, qu'il juge « irréalistes et excessifs ».

L'Union Européenne a mis en place, le 1er janvier 2005, le marché européen des permis d'émissions négociables prévu aux termes du protocole de Kyoto.

Les entreprises qui investissent pour réduire leurs émissions de $CO_2$ peuvent, si elles font mieux que l'objectif qui leur est fixé par les pouvoirs publics, vendre des droits d'émissions et amortir ainsi leurs investissements. Ce sont les mécanismes boursiers qui s'appliquent : la valeur de la tonne de $CO_2$ varie selon l'offre et la demande et suivant les volumes échangés. Ce système sera réservé à l'Europe (quelques 12 000 sites industriels sont concernés) pendant 3 ans avant de s'étendre en 2008 à l'échelle internationale et de concerner des échanges non plus seulement entre entreprises mais aussi entre États. En combinant intervention des États (pour l'établissement des objectifs de réduction ainsi que le contrôle des engagements) et mécanismes de marché, ce système va dans le sens d'une maîtrise collective et globale des émissions. L'idée est d'aboutir, grâce à la régulation du marché, à une optimisation des niveaux d'investissements, qui se porteront en priorité sur les actions les plus efficaces en termes de réduction des émissions de $CO_2$ soit en Europe, soit dans des pays en développement, à travers les mécanismes de développement propre. Après avoir fortement augmenté, la valeur de la tonne de $CO_2$ est retombée à un niveau très bas, en raison d'un surplus de quotas pour la première période d'application. La deuxième période d'application du système (2008-2012) a conduit à un réajustement, avec des cours se situant vers 20 € par tonne de $CO_2$.

Les objectifs fixés par le protocole de Kyoto apparaissent relativement modestes par rapport aux besoins. Le protocole de Kyoto présente néanmoins le très grand avantage d'avoir initié un processus et mis en place des mécanismes visant à réduire les émissions de $CO_2$.

Dès maintenant se pose la question de l'après-Kyoto, c'est-à-dire des actions à entreprendre au-delà de 2012. Il s'agit de définir une nouvelle étape pour se rapprocher du but visé.

L'Union Européenne a montré sa volonté de progresser, en se fixant un objectif de réduction des émissions de 20 % des gaz à effet de serre d'ici 2020. Les moyens effectifs pour y arriver restent encore à définir.

Les mécanismes économiques de limitation des émissions de gaz à effet de serre n'auront d'effet véritable que s'ils sont généralisés. L'introduction de droits d'émissions ou d'une taxe carbone a des conséquences significatives sur l'économie [32]. Il est important d'éviter l'impact négatif d'une distorsion de la concurrence entre des pays qui n'appliqueraient pas les mêmes règles. Cela pourrait aboutir à une délocalisation des industries les plus fortement émettrices de $CO_2$ dans les pays les plus laxistes en matière de réglementation.

Il est donc indispensable de conclure le plus rapidement possible un accord international couvrant l'après-Kyoto, avec des objectifs chiffrés de réduction des émissions de $CO_2$ qui soient acceptés et appliqués par le plus grand nombre possible de pays et en particulier par les principaux pays émetteurs.

## La problématique du facteur 4

Différents scénarios d'évolution du climat et des émissions de $CO_2$ ont été élaborés, notamment par le GIEC.

Dans le scénario tendanciel de référence représenté sur la figure 3.3, les émissions de carbone sous forme de $CO_2$ liées à la consommation d'énergie passent d'environ 7 à 14 Gt de carbone par an entre la période actuelle et 2050, soit encore de 26,6 à 52 Gt de $CO_2$ (évolution A). Une telle évolution conduirait à une teneur en $CO_2$ dans l'atmosphère totalement inacceptable, comme nous l'avons vu, en termes d'impact sur le climat.

Il faut donc examiner un scénario alternatif d'évolution des émissions de $CO_2$ compatible avec l'objectif visant à limiter l'élévation de la température moyenne à 2 °C, par rapport à la situation préindustrielle.

Au niveau de l'Union Européenne, de tels scénarios ont été établis dans le cadre de l'étude *Greenhouse Gas Reduction Pathways* (GRP).

Selon les deux scénarios objectifs, les niveaux de concentration des six gaz à effet de serre se stabiliseraient respectivement à 550 et 650 ppm (450 et 550 ppm pour le $CO_2$ seul). Dans le premier cas l'augmentation de température estimée sur la base des résultats du GIEC serait de 1,6 °C et dans le second de 2,5 °C [34].

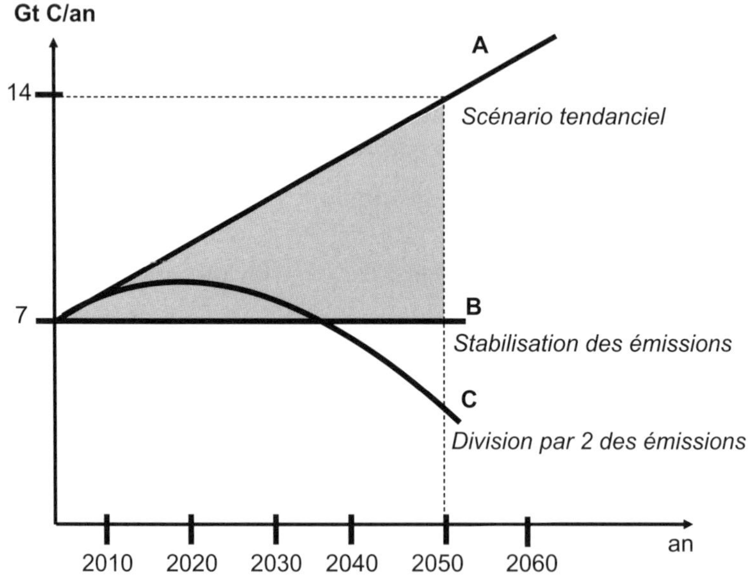


**Figure 3.3 :** Évolution des émissions de $CO_2$ en tonnes de carbone par an

Stabiliser les émissions de $CO_2$ dès à présent (évolution B) conduirait en 2050 à une teneur en $CO_2$ de l'ordre de 500 ppm. En pratique, il n'est pas réaliste d'espérer stopper immédiatement la progression des émissions et elles vont vraisemblablement continuer à croître jusqu'en 2020, même si l'on parvient à ralentir le rythme de progression. Il faudra ensuite qu'elles décroissent pour atteindre d'ici 2050 un niveau proche de la moitié du niveau actuel pour respecter la limite de 2°C de l'élévation de la température moyenne (évolution C – scénario 450 ppm pour le $CO_2$ seul).

Si l'on vise à terme à rapprocher le niveau des émissions de $CO_2$ par habitant dans le monde, comme cela paraît équitable, les émissions des pays industrialisés doivent être réduites par un facteur de l'ordre de 4 d'ici 2050, de façon à autoriser une augmentation des émissions des pays du Tiers-Monde ou des pays en développement. C'est cet objectif que s'est assigné la France [35].

## L'évolution actuelle

Par rapport à ces scénarios objectifs, l'évolution observée est préoccupante.

Les émissions de $CO_2$ se situent à présent au niveau de 27 milliards de tonnes émises en une année du fait de la consommation de combustibles fossiles. La production d'électricité (pour 39 %), l'industrie (pour 22 %) et les transports (pour 23 %) constituent, au niveau mondial, les principales sources d'émissions de $CO_2$ liées aux activités humaines.

Actuellement, le rythme de croissance des émissions de $CO_2$, loin de diminuer, tend au contraire à s'accélérer, notamment en raison du développement rapide de la Chine. La Chine, qui fait largement appel au charbon, devient le principal émetteur de $CO_2$ dans le monde, devant les États-Unis. Les émissions de $CO_2$ de la Chine ont dépassé en 2006 de 8 % celles des États-Unis, alors qu'elles étaient de 2 % inférieures en 2005 et de 28 % inférieures en 2000.

Globalement, au niveau mondial, entre 2000 et 2004, le taux de croissance des émissions de $CO_2$ a été de 3,1 % par an, contre 1,1 % au cours des années précédentes.

Si l'on poursuit la tendance actuelle, les émissions de $CO_2$ augmenteraient d'ici 2050, non de 100 %, comme indiqué dans le scénario de référence présenté précédemment, mais de 130 % avec un taux de croissance annuel de 2 %, jusqu'à plus de 250 % avec un taux de croissance annuel de 3 %.

L'évolution actuelle va donc dans une direction totalement opposée à celle qu'il faudrait suivre.

Pour éviter un changement climatique catastrophique et irréversible, il est impératif d'inverser rapidement cette tendance, en engageant de toute urgence un plan d'action de grande envergure destiné à limiter les émissions de $CO_2$.

## L'urgence des actions à entreprendre

La question de l'urgence des mesures à prendre est parfois débattue. Deux types d'arguments sont mis en avant pour différer les décisions :

- Un premier argument est de considérer que l'avenir reste incertain. La part d'incertitude est considérée comme un argument pour attendre, en espérant que plus tard nous serons en mesure de mieux apprécier la situation et d'optimiser la stratégie à appliquer.
- Un deuxième argument part de l'idée qu'au cours des prochaines années de nouvelles technologies deviendront disponibles pour mieux aborder le problème posé. Ce point de vue, qui est défendu par l'administration américaine actuelle, consiste à miser sur le développement de technologies nouvelles pour fournir à temps les réponses adéquates.

À ces arguments s'ajoute la difficulté psychologique de prendre en compte une catastrophe future, tant qu'elle n'est pas arrivée et même si elle est imminente. Comme l'écrit J-P. Dupuy[5], « savoir n'est pas croire » et il nous est difficile de nous représenter une catastrophe à venir et plus encore de nous mobiliser en conséquence [36]. Ces différents arguments et ce contexte psychologique méritent d'être analysés de près.

---

5. J.-P. Dupuy, scientifique et philosophe français auteur de l'ouvrage « Pour un catastrophisme éclairé. Quand l'impossible est certain » [36]

L'analyse de l'impact potentiel du changement climatique montre qu'il est essentiel d'agir dès à présent, en lançant résolument un plan d'action de réduction des émissions de $CO_2$ :

- Le faisceau de convictions démontrant le risque de catastrophes majeures en l'absence de réponse adéquate, est de plus en plus précis. Toutes les observations et toutes les prévisions des modèles disponibles convergent dans le même sens.
- Si les actions nécessaires pour réduire les émissions de $CO_2$ sont différées, il sera de plus en plus difficile de respecter les limites à ne pas dépasser pour éviter des effets catastrophiques. Plus longue sera la durée pendant laquelle nous continuerons à procéder comme à présent, c'est-à-dire en augmentant chaque année les quantités émises, plus la réduction ultérieure devra être brutale et il arrivera même un moment où il deviendra totalement impossible d'atteindre l'objectif visé.
- Plus on s'écarte de l'équilibre actuel, plus les incertitudes concernant l'amplitude maximale des écarts climatiques augmentent, avec un risque rapidement croissant de phénomènes totalement incontrôlés.
- En outre, des effets de rétroaction positive, tels que libération du méthane piégé sous forme d'hydrates ou disparition d'un courant marin, peuvent se produire à partir d'un certain seuil, avec des conséquences brutales.

L'urgence des mesures à prendre est donc manifeste. Compte tenu de la contribution des énergies fossiles aux émissions de $CO_2$, il est vital d'engager dès aujourd'hui la transition énergétique qui nous permettra à la fois d'éviter une crise énergétique majeure et une catastrophe climatique irréversible. Pour y parvenir, une action déterminée des Pouvoirs Publics ainsi qu'une adhésion profonde de l'opinion dans les différents pays sont indispensables.

# 4 L'indispensable transition énergétique

## La nécessité d'un changement

Les différents périls qui menacent notre économie et notre planète, du fait d'une consommation excessive de combustibles fossiles, rendent indispensable une transition vers un nouveau système énergétique.

De telles transitions ont déjà eu lieu dans le passé, quand le charbon s'est substitué aux énergies éolienne et hydraulique, puis quand le pétrole a déplacé le charbon avec l'arrivée de l'âge de l'automobile et de l'aviation.

Nous sommes toutefois confrontés à présent à une situation assez différente. Les transitions précédentes résultaient d'un progrès de la technologie, qui provoquait un changement progressif du système économique, sans que cette transformation ait été anticipée.

Au contraire, la transition énergétique nous est imposée à présent, sans que les options de remplacement apparaissent de manière évidente.

Sa réalisation est rendue délicate, en raison du niveau très élevé de la demande énergétique mondiale et de l'ampleur des menaces qui pèsent sur l'environnement. Les énergies alternatives (renouvelables, nucléaire) ne peuvent pas être substituées rapidement et massivement aux énergies fossiles, pour un ensemble de raisons économiques et techniques qui seront explicitées par la suite.

La transition énergétique va donc être difficile et longue, mais elle doit être engagée sans plus attendre. Des solutions spécifiquement adaptées à cette période de transition vont être nécessaires.

## Les menaces à lever

Pour faire face aux multiples menaces auxquelles nous sommes confrontés (raréfaction progressive des ressources, accès inégal à l'énergie, tensions sur les approvisionnements et dégradation de l'environnement), les réponses à fournir doivent assurer :

- la disponibilité à long terme de l'énergie nécessaire au développement de la planète, sans exclure les pays du Tiers-Monde,
- la sécurité des approvisionnements, pour prémunir les pays importateurs contre des crises brutales,
- la mise en place des moyens permettant d'éviter les effets catastrophiques d'un changement climatique majeur.

Ces menaces s'inscrivent dans un contexte plus large. Le risque d'épuisement ne concerne pas que l'énergie, mais aussi l'ensemble des ressources naturelles : eau, ressources alimentaires, matières premières, etc. La notion de rareté, qui prend une place centrale dans l'économie, nécessite de nouvelles formes de gestion et de gouvernance [23].

La pollution et le réchauffement climatique risquent de rendre la planète invivable. La pollution du milieu naturel, liée à un usage excessif des pesticides et au déversement de déchets, aggrave la situation, notamment en ce qui concerne l'accès à l'eau. La surexploitation des ressources en eau pour l'irrigation ou la consommation des villes entraîne la baisse des nappes phréatiques, l'assèchement des rivières et la disparition de nombreux lacs [97]. Le réchauffement climatique menace également les ressources hydriques de nombreuses régions.

Le concept d'**empreinte écologique** a le mérite de rendre plus concret le problème de l'accès aux ressources. L'empreinte écologique d'une population représente la surface de la Terre nécessaire pour assurer son existence, compte tenu de sa consommation et de ses rejets. Elle est supérieure à 5 ha par habitant dans les pays les plus riches, inférieure à 1 ha dans les pays les plus pauvres. En 2003, elle était en France de 5,6 ha et de 9,6 ha aux États-Unis. L'empreinte écologique de la population mondiale progresse constamment et serait passée d'un peu plus de 4 milliards d'hectares en 1963, à près de 14 milliards d'hectares en 2003. Au contraire, l'empreinte maximale par personne, supportable en termes de ressources naturelles, ne fait que diminuer, passant de 2,9 ha en 1970 à 1,8 ha en 2003. Si chaque habitant de la planète se mettait à consommer comme un habitant actuel des États-Unis, il faudrait l'équivalent de 5,3 planètes pour répondre aux besoins de l'humanité, ce qui montre clairement qu'une telle voie n'est pas viable [9].

La pression sur l'environnement risque encore de s'aggraver avec des conséquences majeures pour les écosystèmes présents sur terre. La biodiversité est particulièrement menacée. Sans la remise en cause immédiate du système actuel, cette situation pourrait devenir désastreuse à terme, en entraînant une catastrophe écologique [16]. Une telle évolution catastrophique est déjà annoncée par certains [14, 15].

## Agir dans la perspective du développement durable

Les différentes menaces évoquées montrent la nécessité d'agir dans une perspective de développement durable. Celui-ci a été défini dans le rapport Bruntland présenté aux Nations Unies en 1987 comme un « mode de développement qui répond aux besoins du présent, sans compromettre la capacité des générations futures de répondre aux leurs » [27].

Les ressources du monde sont finies et doivent être gérées en conséquence. De même, notre environnement n'a que des capacités limitées à réagir à des agressions sous forme de rejets de polluants et doit être protégé. Dès 1972, le rapport Meadows commandité par le

Club de Rome posait la question de la compatibilité entre croissance économique et maintien des équilibres naturels [28].

Le concept de développement durable vise précisément à concilier ces deux besoins et à trouver une voie médiane entre une position visant à privilégier la croissance, quelles que soient les conséquences sur l'environnement, et une autre consistant à n'accepter aucun changement de l'environnement, indépendamment des implications économiques. L'analyse des moyens à mettre en œuvre pour y parvenir varie néanmoins sensiblement selon les auteurs et différentes conceptions de durabilité « faible » ou « forte » ont été mises en avant. Ces conceptions divergent sur la possibilité d'introduire des ressources alternatives pour compenser les ressources naturelles consommées [29]. Les partisans de la durabilité « forte » rejettent toute modification de l'état de la planète résultant de l'activité humaine et donc toute consommation à caractère irréversible de ressources naturelles.

Le concept même de développement durable est mis en cause par ceux qui considèrent qu'il associe deux notions incompatibles et prônent la décroissance comme moyen unique de préserver notre environnement.

Il paraît difficile de contester aux pays en voie de développement l'aspiration à un plus grand bien-être, qui ne peut être obtenu sans consommation d'énergie. Il est possible toutefois d'imaginer de nouveaux modes de vie, permettant une progression du bien-être et de la qualité de vie, tout en modérant la consommation d'énergie. La réduction de la pollution et les conséquences positives pour la santé qui en résultent constituent en eux-mêmes un facteur essentiel d'amélioration de la qualité de vie.

Les choix énergétiques sont indissociables des problèmes majeurs qui vont affecter l'humanité dans les années à venir : contrôle de la démographie, modes de consommation et niveau de vie, éducation, santé, alimentation et besoins en eau. Face aux différentes menaces, il est nécessaire de réussir une transition globale pour arriver à faire reculer le sous-développement et à préserver la planète pour les générations futures.

Le modèle énergétique actuel des pays les plus riches n'est ni durable, ni exportable. Pour éviter des tensions susceptibles de dégénérer en conflits violents, il est nécessaire de repenser les conditions d'utilisation de l'énergie, en prenant en compte l'amélioration du bien-être de l'ensemble de la population.

Des initiatives à l'échelle mondiale vont être nécessaires pour répondre aux besoins de la planète. Le protocole de Kyoto constitue une première tentative, certes encore partielle, mais qui présente le mérite d'amorcer le changement nécessaire en vue d'apporter une réponse aux risques de changement climatique.

La notion même de transition peut paraître en contradiction avec le concept de développement durable. Les solutions à mettre en œuvre pendant la période de transition ne sont pas vraiment « durables », puisqu'elles visent à faciliter la mise en place d'un système différent au moyen de mesures dont certaines seront temporaires. Le nouveau système énergétique auquel la transition permettra d'aboutir sera plus « durable » que le système actuel, mais sans doute ni totalement, ni définitivement.

Il est donc plus juste de parler d'un développement « soutenable » en suivant la terminologie de langue anglaise (*sustainable*). En effet, dans un monde en évolution, aucun système ne peut se perpétuer indéfiniment. En revanche, il est indispensable de rendre notre développement économique compatible avec la survie de notre planète.

## La nécessité d'une réglementation et d'une gouvernance à l'échelle mondiale

Les risques de changement climatique posent un problème entièrement nouveau à l'humanité.

La situation créée par les émissions massives de $CO_2$, à la différence des problèmes de pollution locale déjà rencontrés, est sans précédent. Elle est d'une gravité exceptionnelle et affecte l'ensemble de la planète. En revanche, ses conséquences ne sont pour le moment qu'assez peu perceptibles par l'opinion.

Il est peu probable que les mesures à prendre puissent être décidées d'elles-mêmes, à partir des seuls mécanismes de marché actuels. Ces mesures ont un coût relativement élevé et il paraît peu vraisemblable qu'un acteur économique s'impose volontairement un tel coût, sans un mécanisme réglementaire ou incitatif. Il faut que le coût lié à la protection de l'environnement soit concrètement pris en compte dans le processus de production ou de consommation. Ceci implique de faire payer au pollueur (que ce soit un individu ou une entreprise) un coût équivalent à celui qui est nécessaire pour remédier à la pollution induite.

L'atmosphère était considérée jusqu'à présent comme un bien commun gratuit. De ce fait, des quantités considérables de gaz à effet de serre étaient déversées jusqu'à une date récente sans aucune pénalité. Pour limiter de tels rejets, il est indispensable que soit mis en place, à l'échelle d'un ensemble d'États et à terme à l'échelle mondiale, un mécanisme venant plafonner les émissions de $CO_2$ ou limitant ces émissions à travers l'instauration d'un système de taxation.

La généralisation d'une taxe sur les énergies fossiles, directement liée aux émissions de $CO_2$, est fréquemment évoquée [32]. Une telle taxe n'est facile ni à instaurer, ni à faire accepter par l'opinion. Ce qui est clair, néanmoins, c'est qu'un mécanisme réglementaire est nécessaire pour faire accepter les coûts supplémentaires que nécessite la protection de l'environnement.

Un principe mis de plus en plus souvent en avant est celui de la « compensation ». Pour assurer la « neutralité carbone » d'une activité qui entraîne des émissions de $CO_2$, ce principe prévoit le financement, à travers un organisme habilité, d'une action compensatoire, conduisant à une réduction équivalente des émissions de $CO_2$ en un autre point de la planète. Il est possible ainsi de « compenser » les émissions de $CO_2$ liées à un voyage aérien.

Un tel mécanisme ne se distingue pas fondamentalement dans son principe de celui qui est mis en œuvre dans le système de marché des permis d'émissions négociables, décrit dans le chapitre précédent (*cf.* ch. 3). Il ne s'applique actuellement que de manière volontaire, mais présente par contre l'avantage de concerner tous les secteurs, y compris ceux qui ne sont pas inclus dans le marché actuel des permis d'émission, et notamment le transport.

L'Union Européenne a ici un rôle important à jouer. En instaurant une gouvernance à l'échelle des 27 États qui la composent, elle peut montrer qu'une telle voie est praticable. À condition que d'autres régions du monde (Amérique du Nord, Asie-Pacifique) mettent également en place un tel système, son extension à l'ensemble des États du monde pourrait devenir effective au travers d'un dispositif géré par les Nations-Unies.

Même si l'établissement d'un accord international est une tâche difficile, la ratification du protocole de Kyoto représente une étape très encourageante. Dans le passé, il a déjà été possible d'aboutir à de tels accords à l'échelle internationale, notamment pour bannir les composés chlorofluorocarbonés (CFC), qui étaient utilisés comme aérosols et menaçaient la couche d'ozone (*cf.* ch. 2). Dès 1987, le protocole de Montréal a permis d'engager le processus d'arrêt des émissions nocives pour cette couche d'ozone. Les mesures réglementaires ont été renforcées par la suite, et l'on a observé en 1996 un début de décroissance de la teneur en CFC dans l'atmosphère [7].

## Les alternatives énergétiques

Face aux risques importants qui ont été mentionnés concernant les approvisionnements énergétiques et le changement climatique, il est impératif de s'orienter vers des solutions plus durables, ne présentant pas les inconvénients des énergies fossiles, en termes d'épuisement des ressources ou d'émissions de gaz à effet de serre.

L'objectif est en conséquence de réduire le plus rapidement possible la part des énergies fossiles dans l'offre mondiale d'énergie primaire, tout en assurant la satisfaction des besoins vitaux de la population mondiale.

Il est donc nécessaire de se tourner vers des sources d'énergie alternatives, nucléaire et renouvelables. Les ressources en énergies renouvelables sont en principe inépuisables à l'échelle humaine. Avec les filières du futur, le nucléaire est capable de produire de l'énergie pendant une très longue période, même si la question de l'approvisionnement en uranium se pose pour les filières nucléaires actuelles de production d'électricité (*cf.* ch. 6).

Toutefois, ces énergies alternatives ne constituent aujourd'hui qu'une fraction encore faible de la fourniture totale d'énergie primaire dans le monde, inférieure à 20 %. Par ailleurs, cette part ne croît que très progressivement.

Les solutions alternatives (nucléaire et renouvelables) posent en effet des problèmes en termes de maturité technologique et de rentabilité économique en cas de développement massif des énergies renouvelables ou encore de sécurité ainsi que d'acceptabilité sociale en ce qui concerne l'énergie nucléaire.

En attendant de nouveaux progrès techniques qui permettront une diffusion plus large de ces solutions alternatives, il est donc nécessaire de mettre en œuvre l'ensemble des moyens qui permettront de franchir le cap de la transition sans crise majeure.

## Une transition de longue durée

Une longue période de transition sera nécessaire pour inverser les parts respectives des énergies fossiles et non fossiles, en partant du système actuel basé à 80 % sur les énergies fossiles.

La figure 4.1 présente les prévisions d'évolution de la part des énergies d'origine non fossile sur la période 2000-2100. L'évolution générale attendue prend la forme d'une courbe en *S*, avec une évolution d'abord lente, s'accélérant ensuite avec un point d'inflexion, puis se ralentissant en fin de transition.

Pour inverser les parts respectives des énergies fossiles et non fossiles d'ici la fin du siècle, il faudrait que le point d'inflexion se situe en 2050, avec une part d'énergies non fossiles de l'ordre de 50 %. En fait, la plupart des analyses effectuées à l'horizon 2050 prévoient une part sensiblement plus faible des énergies non fossiles, se situant dans une fourchette ne dépassant pas 30 à 40 %, même dans le cas d'un scénario favorable, avec des hypothèses visant à favoriser la pénétration des énergies d'origine non fossile [3, 17, 18, 19].

La transition globale, aboutissant à une large substitution des énergies fossiles par des énergies non fossiles, sera donc de longue durée. Même si elle est amorcée dès à présent, elle ne s'achèvera sans doute qu'au-delà de 2100.

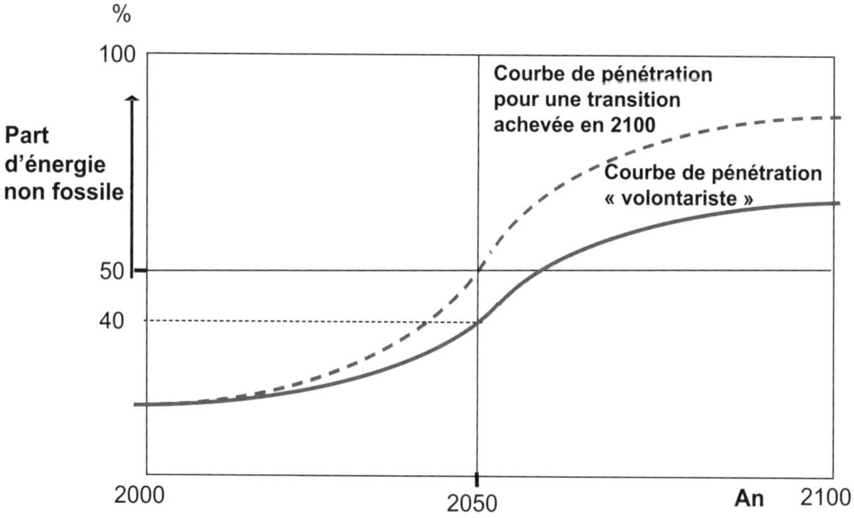


**Figure 4.1 :** Évolution de la part d'énergie d'origine non fossile

Cette durée s'explique par le temps nécessaire à la mise au point des solutions alternatives et par l'inertie intrinsèque du secteur de l'énergie. Les investissements réalisés pour les installations de production d'énergie telles que les centrales électriques sont amortis sur des périodes allant jusqu'à trente à quarante ans. Dans l'industrie automobile, le temps nécessaire pour concevoir un nouveau type de véhicule et mettre en place les chaînes de fabrication est aussi très long. L'introduction de nouveaux équipements s'effectue à un rythme plus élevé dans les pays émergents, mais la priorité principale de ces pays est d'assurer leur développement bien avant de vouloir réduire leurs émissions de $CO_2$.

Par ailleurs, dans un certain nombre d'applications, il n'existe pas d'alternative immédiate. C'est notamment le cas des transports qui dépendent presque exclusivement du pétrole. Et lorsque ces alternatives existent, leur diffusion prend du temps, car le renouvellement des équipements ne s'effectue qu'à un rythme relativement lent : c'est notamment le cas dans l'habitat.

Compte tenu de l'urgence à trouver des réponses aux différentes menaces et en particulier pour limiter le changement climatique, il est clair qu'il n'est pas possible d'attendre l'achèvement d'une transition prolongée et des mesures concrètes devront être prises rapidement pour répondre aux problèmes posés.

## Franchir le cap de la transition

Face à ces difficultés d'adaptation, les risques de changement climatique vont nécessiter rapidement des mesures de très grande ampleur pour arriver à diminuer les émissions de $CO_2$.

Il est donc nécessaire et urgent **d'accélérer le mouvement de transition** par rapport à l'évolution admise à ce jour par la plupart des observateurs. En outre, la seule évolution de la structure de l'offre d'énergie primaire (dite aussi « mix énergétique ») ne suffira pas pour assurer une transition satisfaisante. Il faudra lui associer d'autres moyens qui seront décrits par la suite, tels que l'amélioration de l'efficacité énergétique et le stockage géologique du $CO_2$.

Il faut également prévoir une évolution s'inscrivant dans le temps et comportant les étapes qui permettront d'aboutir à terme à un système plus durable, tout en évitant de passer par des situations inacceptables pour l'économie ou l'environnement.

Les changements ainsi induits seront considérables. L'évolution suivie dans les années à venir sera critique pour l'avenir. En fonction des décisions qui seront prises, la transition énergétique pourra réussir et tendre vers un équilibre durable, ou au contraire échouer et conduire à une crise s'accompagnant de conflits majeurs [24].

De nombreux exemples passés montrent que des sociétés qui n'ont pas pu s'adapter à une évolution de leur environnement, et notamment à une raréfaction des ressources, se sont effondrées brutalement et certains imaginent déjà que notre société pourrait connaître le même sort [25, 26]. Un tel pronostic est d'autant plus inquiétant qu'en raison de la mondialisation de l'économie, un tel effondrement ne concernerait pas uniquement un pays ou une région, mais l'ensemble de la planète.

Il s'agit donc de franchir un « cap » particulièrement critique, car les événements risquent de s'accélérer et la catastrophe n'est pas exclue. Il faut engager de toute urgence un plan d'action qui nécessitera un effort prolongé, tant que les menaces n'auront pas été levées. La transition doit être initiée dans les pays les plus riches, lesquels seront suivis avec un décalage inévitable par les pays en voie de développement.

## La nécessité d'innover

Pour pouvoir mettre en œuvre à grande échelle dans les années à venir les solutions appropriées, un important effort de créativité et d'innovation va être nécessaire à tous les niveaux. Il est impératif, dès à présent, de mettre en œuvre toutes les solutions disponibles en imaginant, simultanément, celles de demain.

De nouveaux systèmes de production, de transformation et d'utilisation de l'énergie doivent être étudiés, de façon à consommer moins d'énergie et émettre moins de $CO_2$. Des techniques de captage et stockage ou de recyclage du carbone émis sont également requises. L'amélioration des rendements et le recours accru aux énergies renouvelables vont nécessiter le développement de nouveaux systèmes de stockage de l'énergie ainsi que de nouveaux vecteurs énergétiques. Tout ceci va demander un effort important de recherche et d'innovation.

L'effort d'imagination nécessaire ne concerne pas uniquement l'innovation technique, mais également les modes de vie et de comportement. Il va falloir repenser l'habitat et la mobilité pour mieux les adapter aux nouvelles contraintes, introduire de nouveaux modes de consommation, et modifier les méthodes de travail, tout en préservant la qualité de vie et, dans toute la mesure du possible, en l'améliorant.

Des systèmes appropriés de réglementation doivent également être définis et appliqués à l'échelle mondiale pour protéger l'environnement. La mise en place au sein de l'Union Européenne d'un système de permis d'émissions négociables représente un exemple intéressant de mécanisme économique favorisant une réduction des émissions de $CO_2$. Sans une volonté politique forte des principaux pays émetteurs, il ne sera pas possible d'ici 2050 d'arriver à une division par deux des émissions mondiales de $CO_2$ par rapport au niveau actuel, ni même de les ramener à ce niveau. La mise en place de programmes associant différents pays et groupes internationaux d'experts tels que le GIEC (Groupe International d'Experts du Changement Climatique) devrait aider à élaborer les mesures nécessaires à l'échelle internationale.

Ces différentes actions sont complémentaires entre elles. Elles passent par une prise de conscience collective de l'urgence des actions à entreprendre et demandent un effort de créativité dans tous les domaines. Les moyens exceptionnels d'observation de la planète dont nous disposons aujourd'hui (notamment grâce aux satellites), ainsi que le développement des moyens de communication (Internet, télévision), représentent des atouts exceptionnels pour faciliter cette prise de conscience.

Il faut néanmoins évaluer les risques que comportent les solutions proposées. Certaines apparaissent comme hasardeuses : c'est le cas de l'injection de $CO_2$ dans les océans ou des solutions de « géoingénierie », consistant à réduire la transmission du rayonnement solaire à travers l'atmosphère, en injectant des particules de soufre pour créer des aérosols augmentant l'albédo de l'atmosphère.

## Les moyens d'action

Pour assurer la demande mondiale d'énergie indispensable au développement de la planète, tout en évitant une catastrophe climatique, il faut agir selon deux axes comme cela est illustré sur le schéma de la figure 4.2.

- **Un axe offre-demande d'énergie**

L'équilibre futur entre l'offre et la demande d'énergie devra être assuré tout d'abord en réduisant la demande. Il faudra utiliser de manière plus performante l'énergie, de façon à réduire la consommation, sans compromettre le développement. Il sera en même temps nécessaire d'assurer une offre suffisante en diversifiant le *mix* énergétique ainsi que les sources d'approvisionnement.

- **Un axe bilan carbone**

Pour limiter les risques liés au changement climatique, il faut maîtriser les émissions de $CO_2$, en réduisant la consommation d'énergie ainsi que le contenu carbone du *mix* énergétique. Le retour prévisible du charbon va malheureusement dans le sens d'une augmentation de ce contenu carbone. Pour arriver à réaliser les objectifs de réduction des émissions de $CO_2$, il faudra donc trouver également d'autres solutions et en particulier recourir au captage et stockage d'au moins une large partie du $CO_2$ émis.

L'équilibre à trouver entre développement économique (axe offre-demande) et protection nécessaire de l'environnement (axe bilan carbone) n'est pas simple à établir, mais il est indispensable.

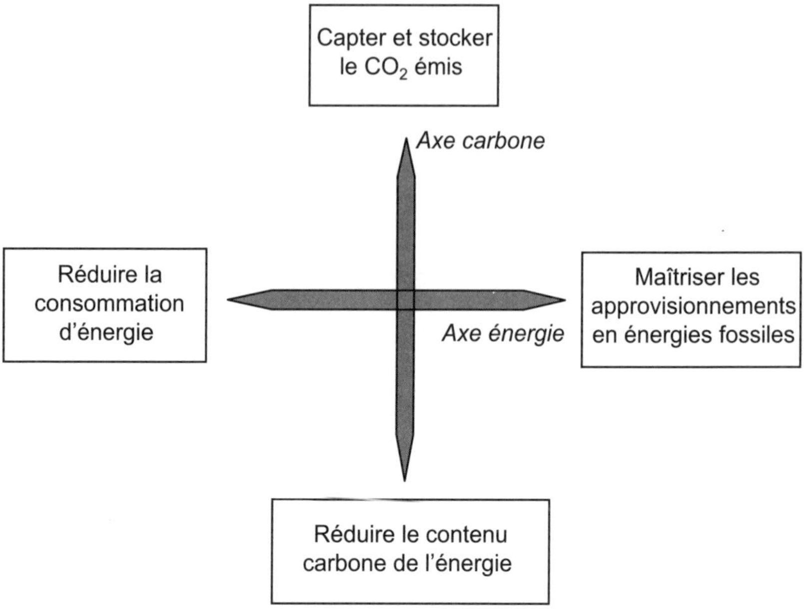


**Figure 4.2 :** Les quatre leviers de la transition énergétique

Pour assurer la sécurité des approvisionnements énergétiques tout en préservant l'environnement, il est donc nécessaire d'engager dès à présent un programme d'actions, à la hauteur des enjeux, à l'aide des quatre leviers suivants :

- **Réduire la consommation d'énergie** tout en poursuivant le développement économique, notamment dans les pays les plus pauvres, et en protégeant l'environnement, représente la toute première priorité. C'est, sans aucun doute le moyen le plus approprié pour réduire la dépendance énergétique vis-à-vis des importations d'hydrocarbures, tout en limitant les émissions de $CO_2$. C'est également une façon d'œuvrer à la mise en place d'un fonctionnement plus harmonieux de l'économie et de la société.
- **Réduire le contenu carbone de l'énergie** de façon à diminuer les émissions de $CO_2$ par unité d'énergie produite

conduit à privilégier les sources d'énergie à contenu réduit en carbone (nucléaire et renouvelables), mais aussi à examiner l'ensemble des moyens permettant de rendre le système énergétique globalement moins émetteur de $CO_2$.

– **Maîtriser les approvisionnements en énergies fossiles** reste indispensable pendant toute la période de transition. Pour cela, il faut tout d'abord, on l'a vu, limiter leur consommation. Mais, pour éviter une crise majeure dans les approvisionnements pétroliers au cours de la période de transition à venir, il faut aussi développer de nouveaux moyens visant à repousser les limites de production grâce à de nouvelles découvertes, à une meilleure exploitation des réserves déjà identifiées et à la mise en production de nouvelles ressources, telles que les huiles lourdes et extra-lourdes. Pour réduire les risques concernant les approvisionnements futurs, il est nécessaire de diversifier la provenance des énergies fossiles utilisées. Il faut également éviter un report de la demande sur les énergies les plus émettrices de $CO_2$ et notamment le charbon.

– **Capter et stocker le $CO_2$ émis**. Comme les mesures précédentes risquent de ne pas aboutir à une diminution suffisamment rapide des émissions de $CO_2$, il faut mettre en œuvre des moyens complémentaires pour réduire les émissions de $CO_2$ : puits de carbone, captage et stockage géologique du $CO_2$, recyclage du carbone.

Ces quatre leviers d'action font l'objet des chapitres 5 à 8.

Des technologies spécifiquement adaptées à la période de transition devront être utilisées pour faciliter le passage vers un nouveau système énergétique. Seront notamment privilégiées les solutions directement substituables aux solutions actuelles.

Dans le domaine du transport, l'utilisation de **biocarburants** liquides, pouvant se substituer aux carburants actuels, se prête à une mise en œuvre rapide, du fait qu'elle n'implique pas de transformation radicale dans la conception des véhicules ou du système de distribution. Il faudra toutefois s'assurer que la production de biocarburants respecte les critères de durabilité (*cf.* ch. 6).

Les systèmes **hybrides**, couplant l'utilisation d'un combustible fossile et d'une énergie non carbonée, vont prendre une place croissante. Ils rendent possible l'utilisation d'une source intermittente de production d'énergie (solaire, éolien), tout en bénéficiant des avantages offerts par les combustibles fossiles, en termes de souplesse de production. Les systèmes de propulsion hybrides rechargeables sur secteur qui seront présentés dans le chapitre 6 en constituent un autre exemple.

Plus généralement, la transition énergétique nécessite la mise en place de systèmes hybrides associant diverses formes d'énergie, différents carburants et modes de propulsion, de façon à augmenter progressivement la part d'énergie non fossile dans le *mix* énergétique.

Les systèmes **flexibles**, pouvant faire appel à différentes formes d'énergie, facilitent la transition en donnant à l'utilisateur la possibilité d'utiliser une énergie alternative, sans avoir à effectuer un choix irréversible dès le départ. Les véhicules « *flexfuel* » pouvant fonctionner avec de l'essence, de l'éthanol (E85), ou un mélange quelconque des deux en sont un exemple. Les véhicules dotés de moteurs à bicarburation pouvant fonctionner soit avec un carburant pétrolier soit avec du GPL ou du GNV représentent un autre exemple de technologie de transition.

Les dispositifs de **stockage** de l'énergie doivent devenir plus performants et plus économiques. Les combustibles fossiles stockent une quantité importante d'énergie dans un volume restreint et peuvent ainsi être utilisés très facilement, en particulier dans des véhicules. Ce n'est pas le cas de la plupart des sources d'énergie alternatives, dont l'utilisation passe par l'intermédiaire d'électricité (nucléaire, éolien, solaire photovoltaïque, etc.). Un recours accru aux énergies renouvelables va donc nécessiter, compte tenu du caractère intermittent de la plupart d'entre elles (à l'exception de l'énergie ex-biomasse et de la géothermie), l'utilisation de systèmes de stockage d'énergie.

Le déploiement accru de **vecteurs énergétiques** compatibles avec l'utilisation de différentes sources d'énergies est également un moyen de favoriser la transition. L'extension des usages de l'électricité est ainsi de nature à favoriser la diversification des sources d'énergie. À terme, l'utilisation d'hydrogène comme vecteur énergétique peut jouer un rôle similaire et contribuer à étendre le nombre des applications potentiellement concernées.

Dans l'avenir, le système énergétique devra faire appel à des réseaux énergétiques interconnectés étendus et d'utilisation plus souple que les réseaux électriques actuels, ainsi qu'à des moyens performants de stockage de l'énergie.

Des systèmes de production décentralisée d'électricité pourront se brancher sur de tels réseaux, dans la perspective d'une croissance progressive des énergies renouvelables, et notamment de l'éolien et du photovoltaïque.

## Une transition globale

La transition à opérer ne concerne pas que l'énergie et devra être beaucoup plus globale. Les autres transitions à assurer concernent notamment :

- **La démographie**

La population mondiale est passée de 3 milliards d'habitants en 1960 à 6,5 milliards d'habitants en 2005. Le pic du taux de croissance, qui se situait à 2,1 % entre 1965 et 1970, est redescendu à un niveau de l'ordre de 1 % pour la population mondiale. Cette évolution globale recouvre des disparités importantes, le taux de fécondité des pays pauvres (2,9 enfants par femme) étant environ le double de celui des pays riches (1,6 enfants par femme). La population atteindra 9,1 milliards d'habitants en 2050, si la diminution progressive de la fécondité se poursuit.

Pour que la pression démographique sur l'environnement diminue, il faut réussir ce ralentissement du taux de croissance démographique et aller vers une stabilisation du niveau de la population mondiale. À l'issue de la période de transition actuelle au cours de laquelle le taux de natalité dépasse le taux de mortalité, on pourrait retrouver un nouvel équilibre, avec une diminution du taux de natalité, assurant une stabilité du niveau global de la population mondiale [39].

- **La production alimentaire**

Il faut réussir à nourrir la population mondiale, en évitant une utilisation trop intensive de l'énergie et des ressources, grâce à de nouveaux modes de production agricole, mais aussi en faisant émerger de nouveaux modes de consommation.

Améliorer l'efficacité de la chaîne alimentaire est particulièrement important pour faire face à la consommation croissante de protéines dans le monde. Il faut se tourner vers l'élevage des espèces les moins consommatrices de céréales, tout en s'efforçant de modérer la consommation de viande dans les pays les plus riches. La croissance rapide de la production laitière en Inde et de la pisciculture en Chine représentent de ce point de vue de notables succès [97].

- **Les ressources en eau et en matières premières**

De nouveaux modes de gestion des matières premières doivent être trouvés pour minimiser les pertes, en faisant appel au recyclage. Il est impératif de réduire la pollution qui conduit à gâcher de manière souvent irrémédiable des ressources vitales. La question des ressources en eau représente clairement un enjeu majeur pour l'avenir.

- **Le développement et l'éducation**

Seuls des progrès dans l'éradication des formes les plus extrêmes de pauvreté ainsi que dans le domaine de l'éducation permettront de réussir l'ensemble des transitions nécessaires, et en tout premier lieu la transition démographique.

- **Les modes de vie et les mentalités**

Opérer une transition « culturelle » est essentiel, notamment dans le cas des pays les plus riches. Ceux-ci doivent parvenir à une évolution des modes de vie permettant de dissocier la création de valeur et la qualité de vie d'une consommation sans frein de ressources et d'énergie.

La transition énergétique doit donc être appréhendée dans la perspective d'une transition globale, qui concerne l'ensemble de la société à travers ses modes de vie et de gestion des ressources.

Les problématiques de l'énergie, du développement et de l'environnement sont liées et nécessitent une démarche commune guidée par une véritable « éthique planétaire ».

# 5 Réduire la consommation d'énergie, en protégeant l'environnement

## Des Mégawatts aux Négawatts

La première des priorités pour réussir la transition énergétique est de réduire la consommation d'énergie, afin de diminuer la dépendance vis-à-vis des approvisionnements en combustibles fossiles et d'éliminer les émissions correspondantes de $CO_2$, ainsi que tout autre impact environnemental lié à la production d'énergie.

Dans ces conditions, tout investissement réduisant la consommation d'énergie contribue à résoudre les problèmes évoqués précédemment. Chaque watt économisé représente un « négawatt »[1], dont la valeur est supérieure à celle du watt, puisqu'on évite ainsi l'impact négatif sur l'environnement d'une production supplémentaire d'énergie. Remplacer la production de « watts » par la production de « négawatts » est un choix particulièrement judicieux, chaque fois qu'il est possible.

Les efforts dans ce domaine sont particulièrement sensibles au prix de l'énergie. Le premier, puis le second choc pétrolier, avaient contribué à la mise en place d'un plan « d'économies d'énergie ». Le contre-choc pétrolier qui a suivi a occasionné une démobilisation dommageable.

À l'heure actuelle, les risques de changement climatique représentent une nouvelle motivation pour réduire la consommation d'énergie.

1. L'Association Négawatts a été créée pour promouvoir ce concept.

Les actions à mettre en œuvre concernent à la fois les comportements, les modes de consommation et les technologies utilisées. Elles doivent être engagées à trois niveaux :

- éviter les gaspillages d'énergie,
- adopter des modes d'organisation et de consommation moins énergivores,
- investir dans des technologies économes en énergie.

Les investissements assurant des économies d'énergie vont également dans le sens d'un intérêt économique bien compris, en permettant de se prémunir contre des hausses à venir du coût de l'énergie.

## La baisse continue de l'intensité énergétique

La consommation d'énergie d'un pays croît avec son Produit Intérieur Brut (PIB)[2]. L'intensité énergétique, définie comme la consommation d'énergie rapportée au PIB, permet d'évaluer l'efficacité avec laquelle l'énergie est utilisée. L'évolution de l'intensité énergétique au cours du temps est fonction du stade de développement du pays considéré.

On observe des disparités très importantes entre les intensités énergétiques des différents pays de la planète. Ainsi, l'intensité énergétique des États-Unis est supérieure de près de 50 % à celle de la plupart des pays de l'Union Européenne. Les écarts observés tiennent à un ensemble de facteurs tels que la latitude à laquelle se situe une région, dont dépendent ses besoins de chauffage, ou l'étendue d'un pays, qui conditionne les besoins de transport de ses habitants. Ils dépendent aussi des modes de vie.

2. Produit Intérieur Brut (PIB) : valeur totale de la production interne de biens et services marchands dans un pays au cours d'une année donnée.

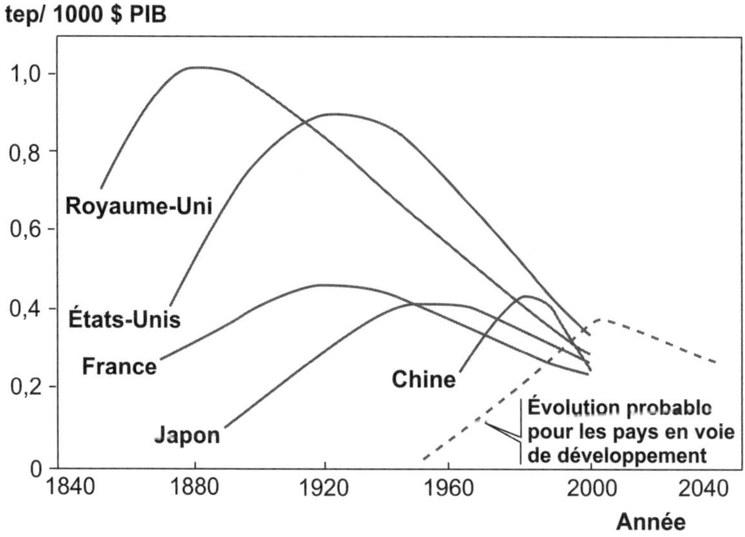


**Figure 5.1 :** Évolution de l'intensité énergétique (tep/1 000 US $)
(*Source* : Le Monde Diplomatique)

Le diagramme de la figure 5.1 montre que des progrès importants ont déjà été réalisés et restent possibles [37]. Ainsi, l'intensité énergétique des États-Unis a été divisée par un facteur proche de 2 au cours des trente dernières années. L'intensité énergétique globale de la France a diminué de 35 % entre 1973 et 2001.

Pour les pays en voie de développement, on observe une croissance initiale de l'intensité énergétique, liée à la phase d'industrialisation, suivie d'une diminution continue. La diminution de l'intensité énergétique est pour une large part liée à la montée des services, moins énergivores que les activités industrielles. Ainsi, l'intensité énergétique de la Chine a d'abord atteint des valeurs élevées puis a fortement diminué et se situe à présent à une valeur légèrement supérieure à 0,2 tep pour 1 000 $ de PIB (0,23 tep/1 000 $ de PIB en 2004). Il faut noter toutefois qu'au cours de ces dernières années elle a cessé de diminuer [38].

À terme, l'intensité énergétique de l'ensemble des pays de la planète tend à se rapprocher d'une valeur de l'ordre de 0,2 tep pour 1 000 $

de PIB. Toutefois, même si l'intensité énergétique baisse constamment, la consommation d'énergie progresse néanmoins, sous l'effet de l'accroissement démographique et de l'évolution du niveau de vie.

L'intensité énergétique représente un indicateur à utiliser avec prudence. En effet, une baisse de l'intensité énergétique peut être présentée comme un succès, mais ne suffit pas. Il faut en effet aboutir à une réduction de la consommation d'énergie dans l'absolu et non pas uniquement par rapport à un PIB en croissance permanente.

La valeur du PIB comme indicateur de développement est elle-même de plus en plus contestée. Il ne prend en compte ni l'épuisement des ressources, ni les dégradations de l'environnement. D'autres indicateurs ont été proposés. On peut citer notamment l'Indicateur de Progrès Véritable (IPV), qui prend en compte des effets positifs ou négatifs sur l'environnement et la société pour corriger le PIB. Aux États-Unis, alors que le PIB par habitant a pratiquement triplé en cinquante ans, l'IPV a peu progressé. On a cherché également à prendre en compte la notion de bien-être, en introduisant des indicateurs qui comportent un indice de satisfaction de vie. Le *Happy Planet Index* fait ainsi intervenir le produit d'un indice de satisfaction de vie par l'espérance de vie, ce produit étant rapporté à l'empreinte écologique. De nombreux autres indicateurs ont été ainsi introduits : « PIB vert » introduit par la Banque mondiale, Indicateur de Développement Humain, IDH, introduit par l'ONU [41].

Bien qu'il ne paraisse pas possible de définir un indicateur universel qui intégrerait l'ensemble des facteurs à prendre en compte, ces indicateurs présentent toutefois l'intérêt de monter que la croissance du PIB ne représente pas l'unique ni sans doute la meilleure façon de mesurer le développement d'une société.

## Repenser l'habitat et la mobilité

Le secteur résidentiel et tertiaire représente 37 % de la demande mondiale en énergie primaire et le transport 26 %. La recherche d'une utilisation plus efficace de l'énergie amène fatalement à repenser l'habitat et les besoins de mobilité. L'habitat pavillonnaire très dispersé tel qu'il s'est développé aux États-Unis implique un recours au transport individuel et entraîne une forte consommation d'énergie. Au contraire, un habitat concentré réduit les distances à parcourir et favorise la mise en place de transports collectifs. La figure 5.2 illustre cette corrélation entre réduction de la consommation et densité de la population [31].

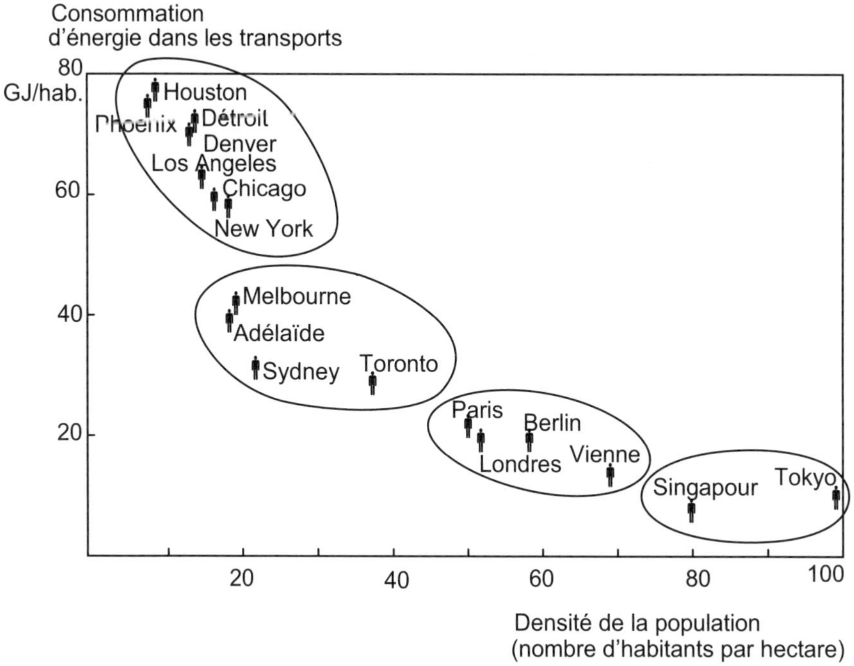


**Figure 5.2 :** Consommation d'énergie dans les transports en fonction de la densité de la ville
(*Source* : Newman P. et Kenworthy J., 1999)

Réciproquement, le développement de l'automobile alimente l'étalement et l'éclatement du milieu urbain. Il favorise l'éloignement entre le lieu de travail et l'habitation. Cet éloignement qui était en France de 4 km en moyenne en 1959 est passé à 15 km aujourd'hui.

On observe également une rupture de la continuité du milieu urbain avec la multiplication de centres commerciaux, campus universitaires, complexes de loisirs.

Cette évolution est en partie inévitable, mais présente des inconvénients dont les conséquences sont de plus en plus perceptibles. Il est nécessaire de tenir compte des différentes nuisances du trafic automobile (bruit, pollution), du temps perdu en transport, des contraintes sociales (aptitude à la mobilité réduite pour les fractions de la population les plus pauvres et les plus âgées). Des structures conçues en fonction d'un accès aux automobiles et non intégrées à un plan d'urbanisme global manquent le plus souvent d'agrément et parfois même défigurent un paysage, comme le démontrent de nombreux centres commerciaux installés aux entrées des grandes villes.

De nombreuses réflexions en cours visent à proposer des conceptions urbaines plus vivables et plus durables que les conceptions actuelles. Bedzed (*Beddington Zero Energy Development*), construit en 2000 dans la banlieue de Londres, se veut le premier éco-village du monde. La ville de Fribourg-en-Brigau, dans le Bade Wurtemberg a cherché également à s'inspirer des principes de développement durable, en favorisant les transports en commun ainsi que les déplacements en vélo et en transformant en éco-quartier le site occupé par une ancienne caserne. En Chine, Dongtan, au nord de Shanghai, est conçue comme la première ville durable. Son empreinte écologique (*cf.* ch. 4) devrait être réduite à 2 ha par habitant.

L'aménagement urbain doit ainsi viser dans l'avenir une utilisation optimale de l'espace par un habitat diversifié, aménagé de manière à limiter le temps passé en transports ainsi que la consommation d'énergie. De même, plutôt que de recourir à l'usage exclusif de la voiture individuelle, il faut encourager la mise en place d'un système de transport multimodal[3], les déplacements les plus longs étant de préférence assurés par les transports en commun.

3. Association de différents modes de transport, de façon à utiliser pour chaque partie du trajet le mode de transport le plus approprié.

Le développement des télétransmissions et de dispositifs de guidage intelligents devrait faciliter dans l'avenir la mise en œuvre de solutions plus souples.

Il faut de plus en plus rechercher une optimisation globale de l'habitat, de la mobilité et de la gestion de l'énergie. Cette optimisation doit être effectuée à différents niveaux : maison individuelle ou immeuble, quartiers (conception « d'éco-quartier »), ville (concept de « ville durable »). Ces transformations remettent largement en cause les conditions de vie actuelles et, si elles sont longues à mettre en place, elles n'en sont que plus urgentes à engager. Comme elles concernent l'ensemble des citoyens, il est nécessaire de procéder à une sensibilisation des collectivités concernées et de les impliquer le plus tôt possible dans l'élaboration des choix.

## Vers le bâtiment à énergie positive

La conception des bâtiments doit également évoluer en tenant compte du bilan énergétique. Il faudra dorénavant écarter systématiquement les réalisations conduisant à des déperditions d'énergie, favoriser les apports naturels d'énergie en jouant sur l'orientation et la conception du bâtiment (architecture bioclimatique), imaginer des solutions innovantes ; une couverture végétale peut ainsi limiter les déperditions d'énergie tout en améliorant l'intégration du bâtiment dans l'environnement.

Les nouveaux concepts d'habitat climatique s'appliquent non seulement aux habitations individuelles, mais aussi aux immeubles. Ainsi a été conçu un système modulant les apports d'énergie solaire par l'utilisation d'une résille en béton, dont la densité de mailles permet soit de laisser passer la lumière, soit de servir de pare-soleil [40]. Cette structure peut également supporter des panneaux solaires en façade. Une circulation d'air est effectuée par convection naturelle et des serres permettent d'assurer une protection végétale aux façades les plus exposées au soleil (tour *Hypergreen*).

Il est également nécessaire de relancer l'effort de mise au point de matériaux et d'équipements performants. Dans le domaine des matériaux, ceci concerne notamment les techniques d'isolation thermique, qui ne cessent de progresser grâce à l'utilisation de matériaux isolants plus performants et des mises en œuvre plus efficaces. Des fenêtres à triple vitrage assurant une isolation poussée, thermique et aussi phonique, sont à présent disponibles.

La réduction de la consommation d'énergie peut être également obtenue en utilisant des équipements plus performants.

Ceci s'applique en particulier à l'éclairage, qui consomme 20 % de la production mondiale d'électricité. Aujourd'hui, les lampes fluocompactes produisent de trois à quatre fois plus de lumière par watt qu'une lampe à incandescence. La durée de vie des lampes fluocompactes atteint par ailleurs 10 000 heures, soit au moins dix fois la durée d'une lampe à incandescence. Dans l'avenir, les diodes électroluminescentes (LED) vont offrir de nouvelles options performantes en termes d'efficacité énergétique, des durées de vie pouvant atteindre 80 000 heures et des modes d'utilisation permettant une intégration optimale de l'éclairage dans les bâtiments [43].

Il est également possible de réduire la consommation d'énergie en utilisant des dispositifs de chauffage performants tels que les chaudières à haut rendement (chaudières à condensation), les pompes à chaleur ou la cogénération.

La cogénération et les pompes à chaleur permettent une meilleure utilisation de l'électricité. Dans une centrale thermique, l'électricité est produite à partir d'une source de chaleur avec un rendement qui, dans la plupart des cas, ne dépasse pas 35 à 40 %. L'énergie restante est rejetée, en étant transmise à l'eau ou à l'air de refroidissement de la centrale. Dans le cas de la cogénération, la chaleur ainsi rejetée est utilisée pour chauffer des bâtiments ou une installation industrielle.

La pompe à chaleur fonctionne selon un principe similaire à celui d'une installation frigorifique. En prélevant de la chaleur sur un milieu extérieur (eau ou air), elle fournit une quantité de chaleur largement supérieure à l'énergie électrique consommée. Le rapport de la quantité de chaleur ainsi délivrée à l'énergie électrique dépensée (ou coefficient de performance) est de l'ordre de 3.

La cogénération trouve des applications surtout dans l'industrie, ainsi que pour la fourniture d'énergie à des ensembles résidentiels ou tertiaires, tandis que les pompes à chaleur peuvent être utilisées dans l'habitat individuel.

L'évolution observée en termes de consommation d'énergie est considérable. Pour un bâtiment ancien, datant d'avant 1975 (date d'entrée en vigueur de la première réglementation thermique), les pertes sont en moyenne en France de 330 kWh par $m^2$ et par an. L'application de la réglementation thermique RT 2005 devrait conduire à des pertes limitées à 85 kWh/$m^2$ par an. En améliorant encore la conception du bâtiment, on arrive au concept des maisons dites « passives » dont les pertes sont de 15 à 20 kWh/$m^2$ par an, ce qui permet de pourvoir au maintien d'une température adéquate grâce aux seuls apports solaires extérieurs, complétés par les déperditions calorifiques liées aux activités humaines [44].

L'étape suivante (réduction supplémentaire des pertes et augmentation des apports extérieurs) conduit au concept de *bâtiment à énergie positive,* susceptible d'exporter de l'énergie. À partir du moment où la consommation d'énergie ne dépasse pas 50 kWh/$m^2$ et par an, la production d'énergie au moyen de capteurs solaires thermiques ou photovoltaïques peut excéder les besoins du bâtiment.

Il est nécessaire de poursuivre les développements visant l'intégration de capteurs solaires thermiques pour la fourniture d'eau chaude et le chauffage ainsi que de capteurs photovoltaïques pour la production d'électricité. L'évolution des équipements permet à présent d'intégrer les panneaux solaires dans le bâtiment. Il est possible ainsi de concevoir des toits ou des cloisons solaires. Une telle conception conduit à revoir l'architecture et la structure même des habitations.

La difficulté principale concerne les bâtiments anciens, qui nécessitent des techniques de réhabilitation. En France, deux tiers des logements ont été construits avant 1975, en l'absence de toute réglementation thermique. La réhabilitation énergétique de ces logements se heurte souvent à l'heure actuelle à la lourdeur des mécanismes de décision (immeubles en copropriété), ainsi qu'au manque de formation des corps de métier dans ce domaine.

La mise en place de labels de qualité énergétique et de diagnostics de performance énergétique représente une première étape, qui doit être suivie par les transformations nécessaires.

Ces transformations ne peuvent être réalisées qu'à travers la mise en place d'une réglementation adaptée et de mesures incitatives, même si à terme l'investissement devrait s'avérer rentable sur un plan économique, compte tenu du renchérissement prévisible du prix de l'énergie.

## La réduction de la consommation d'énergie dans les transports

La première façon de limiter les émissions de $CO_2$ liées au transport automobile consiste à limiter l'usage de la voiture individuelle, en introduisant de nouveaux comportements : co-voiturage, utilisation accrue des transports en commun, du vélo et de la marche à pied. Dans le cas des transports de marchandises, outre la possibilité d'accorder une préférence à des produits locaux, il s'agit de favoriser des modes de transport alternatifs, notamment par voies ferroviaire et fluviale.

Pour limiter la consommation de carburants pétroliers, il faut également réduire la consommation des véhicules par kilomètre parcouru. La réduction de la consommation peut être obtenue par deux voies complémentaires :

- **La diminution de l'énergie consommée par le véhicule**

Celle-ci peut être obtenue notamment en allégeant le véhicule et en réduisant les pertes par frottement [45]. Malheureusement, l'évolution récente s'est effectuée dans le sens opposé, pour répondre à différentes attentes des consommateurs (augmentation du nombre de fonctions, du confort et de la sécurité).

- **L'amélioration du rendement du groupe moto-propulseur**

Toute la difficulté consiste à concilier les augmentations de rendement avec des réglementations de plus en plus sévères sur les émissions de polluants. Différentes technologies sont étudiées. Dans le cas du moteur à essence, il s'agit notamment du « *downsizing* » (abaissement de la cylindrée des moteurs et suralimentation par turbocompresseur), de la combustion stratifiée associée à l'injection directe d'essence et de la combustion homogène. Le principe de ce nouveau mode de combustion consiste à rendre le mélange air-carburant beaucoup plus homogène dans la chambre de combustion. En abaissant la température de combustion et en évitant les zones trop riches en carburant, on réduit fortement la formation de polluants, notamment d'oxydes d'azote et de suies. Le principe de la combustion homogène s'applique également au moteur Diesel et permet de maximiser le rendement tout en réduisant les émissions de polluants tels que particules et oxydes d'azote (NOx) [46].

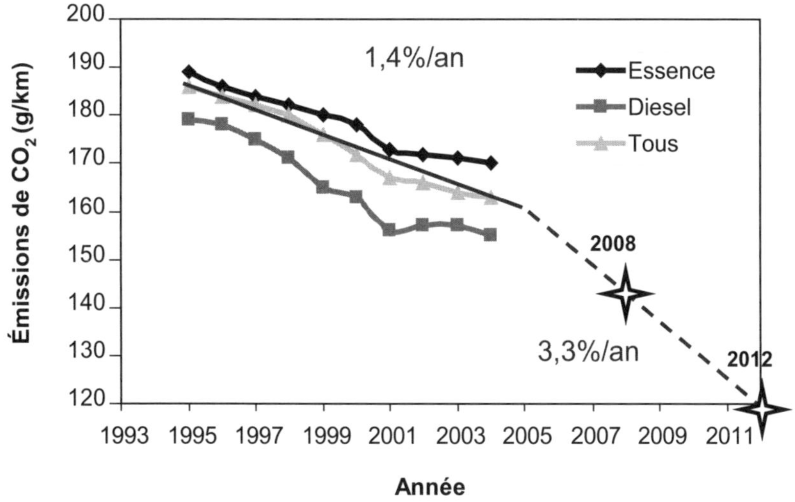


**Figure 5.3 :** Évolution des émissions de $CO_2$ des véhicules neufs au sein de l'Union Européenne
(*Source* : IFP)

Les constructeurs automobiles européens ont pris des engagements de réduction des émissions moyennes de $CO_2$ au kilomètre parcouru pour les véhicules neufs, pour passer de 190 g/km en 1997 à 160 g/km en 2003, puis à 140 g/km en 2008, avec un objectif de 120 g/km en 2012.

La figure 5.3 illustre l'évolution prévue des émissions de $CO_2$ des véhicules neufs au sein de l'Union Européenne (UE 15). Depuis une dizaine d'années, ces émissions décroissent au rythme de 1,4 % par an. Pour atteindre l'objectif visé en 2012, il faut dorénavant arriver à les réduire au rythme de 3,3 % par an.

Les objectifs de 140 g/km parcouru et *a fortiori* 120 g/km seront difficiles à atteindre, en particulier dans le cas des véhicules à essence, en raison de rendements globalement moindres que dans le cas des véhicules à moteur Diesel.

Les difficultés rencontrées pour atteindre les objectifs visés incitent les constructeurs automobiles à s'intéresser aux carburants alternatifs, qui émettent moins de carbone d'origine fossile par unité d'énergie produite (biocarburants, GNV), et à la propulsion hybride.

## La propulsion hybride

L'un des moyens pour réduire la consommation des véhicules en carburants est de faire appel à la propulsion hybride. Le concept de la propulsion hybride sur les véhicules automobiles, introduit en 1997 par Toyota sur la *Prius,* consiste à marier un moteur thermique et un moteur électrique. Le véhicule doit disposer d'un stockage d'électricité par batteries, capable de fournir au moins une partie de l'énergie nécessaire à la propulsion.

Le fonctionnement en propulsion hybride permet de réduire la consommation d'énergie :

(1) en ayant la possibilité d'arrêter le moteur thermique, lorsque le véhicule est à l'arrêt, plutôt que de le faire tourner au ralenti (fonction « *Stop & start* »). Cette fonction ne demande que peu d'augmentation de puissance par rapport à un démarreur standard et permet cependant un gain de consommation de 7 à 10 %.

(2) en récupérant une partie de l'énergie perdue pendant les phases de freinage ; le gain en consommation ainsi obtenu est de l'ordre de 4 à 8 %.

(3) en faisant fonctionner le moteur au plus près de ses conditions de fonctionnement optimales ; une partie de l'énergie fournie sert à recharger la batterie lorsque la puissance délivrée par le moteur thermique est supérieure à la puissance demandée pour la propulsion du véhicule, et peut être restituée dans le cas inverse. Le gain correspondant varie dans de grandes proportions selon le moteur thermique de départ et se situe entre 10 et 30 %.

La propulsion hybride nécessite un mode de transmission élaboré pour tirer le meilleur parti des performances du moteur. Le moteur thermique et le moteur électrique peuvent être associés selon un montage série, un montage parallèle ou un montage série-parallèle qui combine les deux modes d'entraînement précédents. Des possibilités supplémentaires résultent de la possibilité de fonctionner en mode électrique pur, en disposant de batteries rechargeables sur secteur. Cette option sera discutée au chapitre suivant (ch. 6).

La propulsion hybride est typiquement une technologie de transition. Elle permet d'améliorer sensiblement les performances des véhicules actuels, tout en ouvrant la voie à de nouveaux modes de propulsion. En effet, elle favorise les progrès dans le domaine des batteries électriques (examinés dans le paragraphe suivant) et devrait ainsi faciliter l'introduction de véhicules électriques.

## Le stockage de l'énergie

Le stockage d'énergie représente une technologie clef pour adapter l'offre à la demande d'énergie, l'énergie stockée lorsque la disponibilité est supérieure aux besoins étant restituée dans la situation inverse.

Il devient ainsi possible de s'adapter à une demande variable à partir d'une fourniture à puissance constante, et de fournir l'énergie dans des conditions optimales. Inversement, le stockage d'énergie permet aussi de répondre à une demande constante à partir d'une production intermittente d'énergie.

Les combustibles fossiles présentent l'avantage de stocker naturellement des quantités importantes d'énergie dans un faible volume. En revanche, un développement massif des énergies renouvelables nécessite la mise en œuvre de systèmes de stockage, d'une part, pour compenser le caractère intermittent de la fourniture d'énergie et, d'autre part, pour répondre aux besoins du transport (stockage embarqué).

En production d'électricité, la flexibilité peut être assurée en modulant la puissance fournie en appoint par un système thermique de production d'électricité (à partir de gaz naturel ou de charbon), la fonction de stockage étant dans ce cas assurée par le combustible fossile. C'est ainsi qu'un cycle combiné au gaz naturel peut être utilisé pour compenser l'intermittence dans la production d'électricité de générateurs éoliens, en assurant le complément de fourniture nécessaire. Une telle option limite nécessairement la part de renouvelable qu'il est possible d'introduire dans le système de génération électrique.

Le stockage hydraulique est la seule forme de stockage à être actuellement utilisée à grande échelle. Ainsi, en France, le stockage hydraulique de Grand'Maison dans les Alpes permet d'emmagasiner près de 400 TWh, avec une puissance de crête de 1,2 GW en stockage et de 1,8 GW en restitution. Une des difficultés rencontrées pour étendre l'utilisation d'un tel mode de stockage est que la plupart des sites de stockage naturels sont déjà exploités. En cas de besoin, il ne paraît toutefois pas exclu d'aménager des sites artificiels.

Le diagramme de la figure 5.4 permet de comparer différents types de stockage et montre la difficulté de trouver des alternatives aux hydrocarbures liquides [47]. En effet, ceux-ci permettent d'obtenir une énergie spécifique de l'ordre de 12 kWh/kg, alors qu'avec l'hydrogène, pour un stockage d'hydrogène gazeux à 700 bars, on ne dépasse pas une densité de 1,2 kWh/kg.

Le stockage électrochimique par batterie se situe à un ordre de grandeur encore plus faible : 20 à 120 Wh/kg. La densité de stockage dans le cas des dispositifs mécaniques de type volant d'inertie ou stockage d'air comprimé est également relativement faible : 1 à 5 Wh/kg pour les volants d'inertie, 8 Wh/kg pour l'air comprimé à 200 bars. Le stockage d'électricité ou d'énergie mécanique n'est toutefois pas équivalent au stockage d'énergie chimique que représente un hydrocarbure. En effet, l'énergie délivrée par un hydrocarbure est produite sous forme de chaleur, qui doit être convertie en énergie mécanique avec un rendement très inférieur à 1. En outre, il ne s'agit pas d'un système de stockage réversible, pouvant être rechargé après utilisation.

Bien que le niveau d'énergie spécifique obtenu soit relativement limité, le stockage électrochimique par batterie est cependant le plus directement exploitable, notamment pour les solutions embarquées. Les recherches se poursuivent sur les différents types de batteries : plomb-acide, nickel et lithium. Les batteries Nickel métal-Hydrure sont les plus utilisées pour les véhicules hybrides actuels. L'énergie

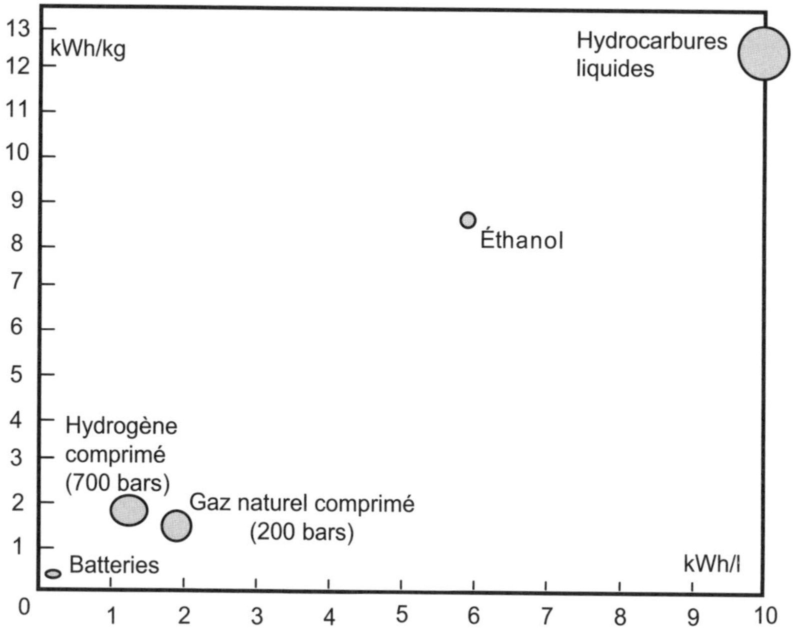


**Figure 5.4 :** Comparaison entre différents systèmes de stockage (*Source* : IFP)

spécifique de ces batteries (55 Wh/kg) est sensiblement plus élevée que celle des batteries au plomb (25 Wh/kg). Les batteries au lithium (lithium ion et lithium polymère) sont considérées comme offrant le meilleur potentiel (70 Wh/kg), mais restent relativement coûteuses. Les batteries sodium-soufre sont également en développement, notamment pour le stockage d'énergie à grande échelle ; ces batteries fonctionnent à température élevée (350 °C) et utilisent des électrodes de soufre et sodium liquides, séparées par un électrolyte solide. Leur capacité spécifique de stockage est de 100 Wh/kg.

Les systèmes de stockage électrochimiques en phase liquide, de développement récent, paraissent prometteurs. Ils comprennent une batteric réversible, avec deux compartiments séparés par une membrane échangeuse d'ions. Chacun des compartiments est relié à une réserve d'électrolyte. Les électrolytes circulent au moyen d'une pompe et, tandis que l'un des électrolytes est oxydé au niveau de la membrane, l'autre est réduit [73]. Le système est réversible, permettant ainsi de stocker l'énergie. Différents couples redox ont été étudiés. Un des plus intéressants est à base d'ions vanadium et met en œuvre dans chaque compartiment respectivement les couples $V^{2+}/V^{3+}$ et $V^{4+}/V^{5+}$. Trois dispositifs opérant sur ce principe, d'une capacité de stockage de 500 à 2000 kWh, ont été réalisés.

Les systèmes de stockage précédents, et notamment les systèmes électrochimiques, ne permettent de stocker que des quantités d'énergie limitées, insuffisantes pour assurer un ajustement saisonnier entre l'offre et la demande.

Actuellement, comme cela a été indiqué, seul le stockage hydraulique gravitaire est appliqué à cette échelle.

À terme, le stockage en sous-sol (cavité saline ou aquifère) pourrait se développer pour réaliser des capacités de stockage importantes (gaz comprimé, chaleur, hydrogène). Le stockage d'air comprimé en caverne a déjà été appliqué. On peut ainsi stocker 12 kWh par $m^3$ de caverne à 100 bars. À Huntdorf, en Allemagne, un stockage d'air comprimé à 70 bars a été réalisé dans deux cavernes de 310 000 $m^3$.

Des stockages d'hydrogène en aquifères de grande capacité, analogues aux stockages souterrains de gaz naturel, pourraient être utilisés dans l'avenir. Il est également possible de stocker la chaleur en sous-sol à relativement faible profondeur sous forme de nappes d'eau chaude.

Dans le bâtiment, l'utilisation de matériaux de stockage thermique permet de rafraîchir les locaux en stockant l'énergie aux heures les plus chaudes, et d'en restituer aux heures les plus froides. Différents matériaux peuvent être utilisés dans ce but et, dans ce domaine également, des technologies innovantes sont étudiées, faisant notamment appel à des matériaux qui emmagasinent de la chaleur à une température donnée par changement de phase. Ils peuvent ainsi en hiver stocker la chaleur reçue pendant le jour, pour la restituer la nuit, et en été rafraîchir l'intérieur de jour, pour restituer la chaleur de nuit. Ces systèmes de stockage sont particulièrement utiles pour des bâtiments de structure légère.

Le stockage d'énergie est véritablement une des technologies clefs de la transition énergétique qu'il importe de faire progresser dans les années à venir.

## De nouveaux modes de production agricole

Pour nourrir les 9 milliards d'habitants attendus en 2050, il faudra doubler la production agricole actuelle.

La révolution verte a permis une forte progression de la production agricole, en évitant des famines dans de vastes régions du monde et notamment en Asie. Mais cette révolution s'est accompagnée d'une utilisation élevée d'énergie, ainsi que d'engrais et de pesticides. Comme dans d'autres secteurs économiques, cette évolution a eu des conséquences négatives sur l'environnement et a rendu la production agricole dépendante des approvisionnements énergétiques.

Il va donc falloir développer de nouveaux modes de production. Une première voie consiste à s'appuyer sur une sélection accrue des cultures et sur les méthodes d'ingénierie génétique ainsi que sur de nouveaux progrès en chimie pour augmenter la productivité.

Pour réduire la consommation d'énergie et l'impact sur l'environnement, des voies alternatives d'agriculture « à haute valeur écologique » sont également explorées, qui visent à optimiser le fonctionnement des écosystèmes et à développer des techniques sans labour. Le but poursuivi est d'améliorer la productivité tout en économisant l'énergie, à travers l'utilisation de nouvelles techniques à faibles apports extérieurs, combinées à des méthodes de rotation des cultures et d'irrigation [48].

L'introduction d'OGM doit être examinée sur des bases aussi objectives que possible. Il ne faudrait pas écarter *a priori* des options susceptibles de mieux répondre aux besoins alimentaires de la population mondiale, en permettant de consommer moins d'énergie ou de mieux utiliser les ressources (notamment en eau).

Dans ce domaine également, plutôt que de rechercher une solution unique, qui apporterait des réponses à l'ensemble des questions soulevées, il est préférable de privilégier une approche pragmatique, tenant compte des besoins réels de la population et de la protection indispensable de l'environnement.

Une agriculture durable est également en mesure de fournir aux consommateurs une alimentation plus équilibrée. Dans les pays en développement, elle est génératrice d'emplois. Il est nécessaire que les mécanismes de commerce international la prennent en compte et la protègent face aux produits issus d'une agriculture fortement consommatrice d'énergie.

Les modes de consommation ont aussi un rôle essentiel à jouer. Un habitant des États-Unis consomme en moyenne quatre fois plus de céréales qu'un japonais (800 kg par an contre 200 kg par an). Ceci est dû notamment à une consommation de viande beaucoup plus importante. Pourtant, l'espérance de vie d'un japonais dépasse d'environ huit ans l'espérance de vie aux États-Unis [7]. Les modes de consommation des japonais ne sont pas sans inconvénient, notamment pour les ressources halieutiques mondiales, mais cet exemple montre que des critères de santé et d'espérance de vie vont souvent de pair avec une moindre consommation d'énergie.

La transition à opérer dans le domaine agricole, qui conditionne nos besoins en alimentation et en santé, est particulièrement importante à réussir. Les progrès à réaliser doivent permettre de réduire la consommation d'énergie et de l'ensemble des ressources, tout en minimisant la pollution chimique.

## Des processus industriels plus efficaces

L'industrie optimise constamment les procédés qu'elle emploie en fonction des signaux économiques et réglementaires qu'elle reçoit. Dans les années à venir, elle sera amenée à s'adapter, d'une part, à un prix de l'énergie qui devrait aller en croissant et, d'autre part, à la réduction des émissions de $CO_2$, résultant de l'allocation des quotas et de l'évolution du marché des permis d'émission.

Elle va dans ce but introduire des procédés plus efficaces. Parmi les mesures disponibles, on peut citer notamment :

- une meilleure intégration énergétique et une limitation des pertes (par ex. par l'introduction d'une meilleure isolation thermique) ;
- des procédés de nouvelle génération plus performants (par ex. catalyseurs plus performants, membranes ou adsorbants plus sélectifs) ;
- l'introduction de dispositifs de récupération d'énergie (échangeurs, turbines de détente) ;
- des systèmes de contrôle en temps réel pour optimiser à tout moment l'utilisation de l'énergie.

Ces nouveaux modes de production vont bénéficier de l'ensemble des progrès réalisés dans le domaine des matériaux (matériaux composites, nanotechnologies, etc.), des technologies de l'information et de la biochimie. La convergence de ces avancées conduit à de nouveaux processus de fabrication plus performants, moins consommateurs d'énergie et de matières premières.

## Le traitement des déchets et le recyclage des matières premières

Le développement de procédés et équipements économes en énergie entre dans le cadre plus général des écotechnologies, qui visent à préserver l'environnement et à ménager les ressources naturelles (énergie, eau, matières premières).

Les écotechnologies trouvent des applications dans l'ensemble des secteurs de l'économie. Elles comprennent également des technologies visant à traiter l'air, l'eau ou le sol en vue de les dépolluer, notamment dans le cas d'une pollution accidentelle.

Un domaine important d'application est le traitement de l'ensemble des rejets et déchets, pour éviter de polluer l'environnement et pour pouvoir recycler au mieux les matières premières qu'ils contiennent.

Les déchets produits, qui entraînent des risques croissants de pollution, peuvent ainsi devenir une ressource :

- ils peuvent être utilisés pour produire de l'énergie, soit directement dans des usines d'incinération, soit après transformation en combustible ou carburant : biogaz, huile de pyrolyse ou biocarburant de deuxième génération ;
- les matières premières qu'ils contiennent peuvent être recyclées ; ce recyclage permet, tout en préservant la matière première ainsi recyclée, d'éviter la pollution résultant du déversement de ces produits dans le milieu ambiant ; c'est aussi un moyen de réduire la consommation d'énergie, la dépense d'énergie nécessaire pour opérer le recyclage étant en général moindre que pour la transformation initiale.

Le recyclage des matières premières est déjà largement pratiqué. L'approvisionnement en fer pour la production de fonte et d'acier s'est effectué en 2004 à l'aide de 1 100 Mt de minerai de fer (représentant 695 Mt de fer) et de 400 Mt de ferrailles (représentant 300 Mt de fer). Sans tenir compte de la production d'électricité nécessaire au procédé de transformation, la quantité de $CO_2$ généré est de 2 200 kg par tonne d'acier dans le cas d'une filière de production partant du minerai de fer (haut fourneau et convertisseur à l'oxygène) et de seulement 100 kg en partant de ferrailles. Cela signifie qu'à condition d'utiliser de l'électricité à contenu neutre ou réduit en carbone, le gain en termes d'émissions est considérable [49].

Un meilleur usage des ressources doit s'appuyer sur les notions de recyclage (ou « économie circulaire ») et de « fonctionnalité ». La fonctionnalité consiste à fournir un service plutôt qu'à vendre un équipement, ce qui permet d'optimiser l'utilisation de l'équipement et la gestion des ressources auxquelles il fait appel, tout en prévoyant le recyclage des composants usés [50].

Le principe d'une meilleure utilisation des matières premières et de l'énergie doit progressivement s'imposer dans tous les secteurs de l'économie.

La réduction de la consommation d'énergie constitue la priorité de tout plan d'action à mettre en place durant la période de transition énergétique. C'est le moyen le plus efficace et aussi le plus rapide d'améliorer la situation.

## Les actions de recherche à entreprendre...

### ... pour réduire la consommation d'énergie, en protégeant l'environnement

*Nouveaux matériaux plus performants et à contenu énergétique réduit*

- Matériaux isolants et à changement de phase
- Matériaux composites à haute tenue mécanique et de poids réduit (allégement des véhicules routiers et aériens)

*Systèmes thermiques*

- Systèmes d'échange de chaleur
- Cycles thermodynamiques de valorisation de la chaleur à bas niveau thermique

*Amélioration du rendement des moteurs à combustion interne*

- Nouveaux modes de combustion
- Groupe moto-propulseur hybride

*Stockage de l'énergie*

- Amélioration des performances des batteries
- Stockage souterrain d'énergie (gaz comprimés, chaleur, hydrogène)
- Stockage électrochimique en phase liquide

*Écotechnologies*

- Caractérisation des polluants (dans l'atmosphère, l'eau et les sols)

- Traitement des effluents industriels
- Traitement de l'air, des eaux et des sols pollués

*Traitement et recyclage des déchets*

- Production d'énergie
- Récupération et recyclage de matières premières

# 6 Réduire le contenu carbone de l'énergie

## Le contenu carbone du *mix* énergétique

Le *mix* ou « bouquet » énergétique est constitué par l'ensemble des sources d'énergie contribuant à la fourniture totale d'énergie primaire : énergie nucléaire, charbon, pétrole, gaz, hydroélectricité, biomasse, énergie éolienne, énergie solaire thermique, énergie solaire photovoltaïque, géothermie.

La diversification des sources d'énergie est essentielle. Elle permet notamment de réduire la dépendance vis-à-vis des importations de pétrole et ainsi de favoriser la sécurité des approvisionnements.

En revanche, elle n'apporte pas nécessairement de réponse au problème du changement climatique. Ainsi, le retour du charbon risque d'entraîner, en l'absence de mesures adéquates, une augmentation significative des émissions de $CO_2$.

De ce point de vue, la situation ne peut être améliorée qu'en faisant davantage appel à des sources d'énergie non carbonées (nucléaire et renouvelables), ou en utilisant de l'électricité ou de l'hydrogène (vecteurs énergétiques) produits à partir de combustibles fossiles sans émission de $CO_2$, en particulier grâce aux technologies de captage et de stockage du $CO_2$ (*cf.* ch. 8).

Il est également possible de faire appel à la biomasse comme source d'énergie. Sa combustion émet du $CO_2$, mais le carbone émis provenant de la biomasse est considéré comme recyclé, car il est fixé par photosynthèse à partir de $CO_2$ présent dans l'atmosphère. Le bilan carbone d'une combustion de biomasse est donc considéré comme neutre. Il faut toutefois, dans un bilan complet, tenir compte des émissions de $CO_2$ liées à la production de la biomasse (machines agricoles, engrais, etc.), à sa récolte, à sa transformation et à son acheminement jusqu'au site d'utilisation.

Lorsque l'énergie est produite à partir d'un combustible fossile, la quantité de $CO_2$ émise par unité d'énergie produite dépend du rapport entre les nombres d'atomes d'hydrogène et de carbone dans le combustible de départ. Ainsi, le contenu carbone du gaz naturel est nettement inférieur à celui du charbon, comme le montre le tableau 6.1.

**Tableau 6.1**

Comparaison des émissions de $CO_2$ pour différentes énergies fossiles

(*Source* : ADEME)

| | Pouvoir calorifique (GJ/t) | Émissions $CO_2$ par unité de masse (t/t) | Émissions $CO_2$ par tep (t/tep) |
|---|---|---|---|
| Gaz naturel | 57 (PCI[1]) | 3,26 | 2,394 |
| Pétrole | 42 | 3,066 | 3,066 |
| Charbon | 26 | 3,14 | 3,990 |

De plus, le gaz naturel permet d'obtenir des rendements énergétiques élevés, notamment grâce à l'utilisation de cycles combinés. Dans un tel cycle, de la vapeur d'eau est produite par récupération de chaleur sur les gaz d'échappement de la turbine à gaz et entraîne une turbine à vapeur. Le rendement énergétique d'un cycle combiné au gaz naturel est proche de 60 %, tandis que le rendement des meilleurs centrales au charbon actuelles se situe entre 45 et 47 %.

La substitution du gaz naturel au charbon permet donc de réduire par un facteur de 2 à 3 les émissions de $CO_2$ par unité d'énergie produite. La substitution de biomasse au charbon peut conduire à des résultats encore meilleurs, le carbone émis étant alors considéré comme recyclé (à condition toutefois que les émissions de $CO_2$ associées à la production et à l'acheminent de biomasse soient suffisamment réduites).

1. Le pouvoir calorifique inférieur (PCI) n'intègre pas la chaleur fournie par condensation de la vapeur d'eau contenue dans les produits de combustion.

## L'intensité carbone

Les émissions de $CO_2$ par habitant dans le monde sont très variables. Elles vont de 1 tonne par an et par habitant pour l'Inde jusqu'à 18 tonnes pour l'Amérique du Nord.

Elles sont directement corrélées au PIB par habitant comme le montre le graphique de la figure 6.1. Certains pays se trouvent au-dessus de l'intervalle de corrélation : États-Unis, Canada, Russie, Arabie Saoudite, Pologne, Afrique du Sud. Au contraire, la France et le Japon, qui se trouvent en dessous de l'intervalle, peuvent être considérés comme relativement « vertueux ».

L'intensité carbone est définie par le niveau des émissions de $CO_2$ rapporté au PIB. Entre 1990 et 2005, l'intensité carbone a diminué dans plusieurs des grandes régions économiques, passant pour l'Europe à 0,3 kg de $CO_2$ par $ US, et pour l'Amérique du Nord à 0,5 kg de $CO_2$ par $ US.

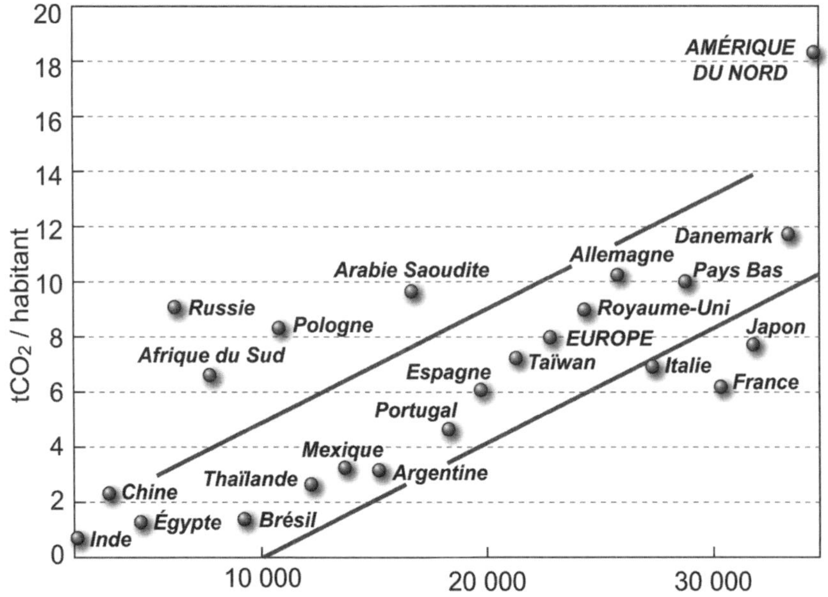


**Figure 6.1 :** PIB (en parité de pouvoir d'achat)/habitant ($)
(*Source* : Enerdata)

Elle a fortement diminué aussi en Chine en passant de 1,3 à 0,7 kg de $CO_2$ par $ US. Elle y reste néanmoins sensiblement supérieure à celle des principaux pays industrialisés. Par contre, elle s'est maintenue à environ 0,4 kg de $CO_2$ par $ US en Inde et en Amérique latine. On observe, notamment en Asie, que l'intensité carbone commence par croître lorsque le PIB par habitant s'élève, passe par un maximum, puis diminue.

L'intensité carbone doit être utilisée avec les mêmes précautions que l'intensité énergétique. Une baisse de l'intensité carbone ne peut pas être considérée comme un résultat suffisant en soi. Il faut arriver à une baisse des émissions dans l'absolu.

## Les voies de réduction du contenu carbone de l'énergie

La décarbonation de l'énergie peut être obtenue soit en utilisant une source d'énergie d'origine non fossile, soit en captant et en stockant le $CO_2$ émis pour se rapprocher d'un bilan neutre en carbone.

La première option, la plus directe, consiste à faire appel au nucléaire ou aux énergies renouvelables. Ces deux alternatives aux énergies fossiles seront examinées dans la suite du chapitre. Dans la plupart des cas, elles produisent de l'énergie sous forme électrique, ce qui introduit des limitations dans leur utilisation. En effet, l'électricité ne couvre pas tous les besoins et elle est difficile à stocker.

Dans de nombreuses applications, ces énergies ne sont pas directement substituables aux énergies fossiles, que ce soit pour remplacer les carburants qu'utilise le transport ou pour produire de l'énergie à la demande.

Une façon de répondre à de tels besoins consiste à produire de l'énergie à partir de biomasse, dont le bilan carbone est considéré comme neutre. La biomasse stocke de l'énergie sous forme chimique comme les combustibles fossiles et peut être utilisée dans une chaudière, ou pour produire un biocarburant utilisé dans un moteur à combustion interne.

L'option consistant à stocker le $CO_2$ émis sera considérée dans le chapitre 8 plus en détail. Dans le cas d'un combustible fossile, elle permet également d'aboutir à un bilan neutre en carbone. Dans le cas particulier de la biomasse, si le $CO_2$ émis lors de sa transformation ou de sa combustion est capté et stocké dans le sous-sol, on aboutit même à un gain net dans le bilan carbone.

Il est possible ainsi de produire de l'hydrogène ou des biocarburants à contenu carbone négatif, à condition que la quantité totale de $CO_2$ prélevée sur l'atmosphère soit supérieure à celle réémise.

Cette option n'est pas exploitée pour le moment, mais pourrait devenir dans l'avenir un moyen particulièrement efficace d'améliorer le bilan carbone.

L'hydrogène génère de l'énergie par combustion sans émettre de $CO_2$. Toutefois, il ne peut être produit qu'en faisant appel à une source d'énergie. Il s'agit donc d'un vecteur d'énergie, dont l'intérêt en termes de réduction des émissions de $CO_2$ doit être apprécié à partir d'un bilan complet, tenant compte des émissions intervenant au cours de l'étape de production.

Le développement de nouveaux vecteurs énergétiques, tels que l'hydrogène, est un moyen de favoriser la pénétration des énergies alternatives à faible contenu carbone, en élargissant la gamme des applications qui leur sont ouvertes. Un accroissement des utilisations de l'électricité peut jouer un rôle similaire.

Une large pénétration des énergies renouvelables, dont la production est fréquemment intermittente, suppose également la mise en place de moyens de stockage d'énergie, cette fonction de stockage de l'énergie étant pour le moment assurée par les seules énergies fossiles. En outre, la mise en œuvre de stockages embarqués permet d'utiliser des sources d'énergies non carbonées dans le domaine des transports. Les dispositifs décrits dans le chapitre précédent (ch. 5) peuvent être employés pour assurer cette fonction de stockage. Le stockage sous forme d'hydrogène constitue également une option à considérer.

## Le redémarrage du nucléaire

La part de l'énergie nucléaire dans le bilan énergétique mondial reste à l'heure actuelle limitée en raison de sa haute technicité et du montant des investissements nécessaires à consentir pour sa mise en œuvre. Dans de nombreux pays, l'opinion publique s'est montrée jusqu'à présent peu favorable à son développement en raison des risques ressentis. La hausse du prix du pétrole (et corrélativement du gaz naturel) crée un contexte beaucoup plus favorable au redémarrage du nucléaire.

L'ensemble des centrales nucléaires actuelles exploitent une énergie libérée par fission à partir d'isotopes lourds tels que l'uranium 235 ($^{235}U$)[2]. Après les premières réalisations (génération I), la filière actuelle des réacteurs à eau pressurisée (REP ou PWR selon le sigle anglo-saxon, dite génération II), telle qu'elle a été mise en œuvre en France, a été opérée avec succès depuis près de 50 ans. Dans le cas des réacteurs à eau pressurisée, la chaleur produite dans le cœur du réacteur nucléaire est transmise à un premier circuit d'eau, qui génére de la vapeur en chauffant un circuit d'eau secondaire. Dans le cas des réacteurs à eau bouillante, la vapeur d'eau est générée directement dans le cœur du réacteur. On évite ainsi la nécessité d'un circuit supplémentaire, mais le volume du cœur est plus important. Ces deux types de réacteurs constituent la grande majorité des 440 réacteurs nucléaires fonctionnant dans le monde (dont 58 REP en France). Une centrale nucléaire est constituée de une à plusieurs « tranches », chacune de ces tranches comptant un réacteur. La puissance d'une tranche varie pour les grandes centrales actuelles entre 1 300 MW (1,3 GW) et 1 600 MW (1,6 GW).

Une centrale de type REP fonctionne avec de l'uranium enrichi à 4 % de $^{235}U$. Cet enrichissement est opéré soit par diffusion gazeuse, soit de plus en plus par ultra-centrifugation.

2. L'uranium 235 est un isotope de l'uranium qui est fissile ; il est présent à 0,7 % dans l'uranium naturel.

La mise au point d'une nouvelle génération (génération III) de réacteurs à eau pressurisée présentant un niveau de sécurité accru (réacteur EPR) devrait faciliter le redémarrage du nucléaire. La mise en service d'un tel réacteur en Finlande ainsi qu'à Flamanville va fournir les premières références industrielles de cette filière.

De nouveaux projets de centrales nucléaires sont prévus aux États-Unis et en Chine. La Grande Bretagne a également décidé de reconsidérer cette option.

Ce redémarrage va nécessiter le développement de nouvelles filières, utilisant mieux les ressources en uranium. Au rythme actuel, les ressources mondiales d'uranium identifiées à ce jour, soit 4,75 Mt d'uranium naturel, peuvent en effet alimenter les 450 réacteurs en service durant plus de 70 ans. Mais si la production d'électricité nucléaire se développe rapidement, elle entraînera une forte tension sur les approvisionnements en uranium. Le prix de l'uranium croît déjà très rapidement à l'heure actuelle : en monnaie courante, la hausse entre début 2001 et fin 2006 a atteint plus de 1 000 %. Cette tension sur l'offre d'uranium risque de se renforcer dans l'hypothèse d'une progression rapide de la demande. En particulier, les ressources identifiées d'uranium ne suffiraient pas à couvrir la demande dès 2020 dans le cas du scénario haut de la *World Nuclear Association* et il faudrait faire appel à des ressources non encore découvertes [54].

Les réacteurs actuels, utilisant l'énergie provenant de la fission induite par des neutrons thermiques (neutrons lents) et consommant essentiellement de l'uranium 235, n'utilisent qu'environ 0,6 % de l'énergie potentiellement contenue dans l'uranium naturel employé.

À plus long terme, des réacteurs à neutrons rapides (génération IV) seront développés. Les réacteurs à neutrons rapides fonctionnant en « surgénérateurs » permettent d'utiliser l'uranium 238 en produisant du plutonium fissile (isotopes 239 et 241) par capture de neutrons sur l'uranium 238. Les recyclages successifs du plutonium produit à partir de l'uranium 238 permettent de fissionner de 70 à 90 % de l'uranium initial, selon que les actinides mineurs également produits sont recyclés ou non. Les ressources d'uranium pourraient alors être utilisées pendant une durée multipliée par un facteur d'au moins cinquante par rapport à la situation actuelle [54, 55, 56]. L'investissement nécessaire pour un réacteur à neutrons rapides (RNR) est plus élevé que pour un réacteur à eau pressurisée, mais le coût du kWh produit devient très peu dépendant du prix de l'uranium naturel. Un certain nombre de problèmes techniques restent à étudier et la fiabilité de la filière doit être démontrée avant un déploiement industriel à grande échelle. Un des points délicats concerne la tenue des matériaux et notamment des aciers sous forte irradiation.

Alors que les réacteurs de la génération III devraient être largement déployés à partir de 2010, une grande partie du parc mondial restera constituée de réacteurs de la seconde génération pendant au moins les deux ou trois prochaines décennies (ces réacteurs sont conçus pour une durée d'exploitation de 40 ans extensible au cas par cas à 50 ans). Au moment de la mise en service de réacteurs rapides (génération IV) vers 2030-2040, de nombreux réacteurs de la génération III seront toujours en service [56, 57]. L'allongement de la durée de vie des centrales nucléaires, qui améliore leur rentabilité économique, risque ainsi de peser sur la demande d'uranium.

La fusion thermonucléaire est une voie qui est également explorée, avec la mise en place de l'installation expérimentale ITER, dans le sud de la France, mais les perspectives d'aboutissement restent lointaines et incertaines. Les projets actuels mettent en œuvre la fusion deutérium + tritium. Le tritium peut être produit à partir du lithium 6, dont les disponibilités sont moins importantes que celles en deutérium, mais une telle filière pourrait néanmoins produire de l'énergie pendant quelques milliers d'années. La fusion deutérium + deutérium pourrait aussi intervenir, mais elle pose des problèmes encore plus difficiles à résoudre et représente une étape ultérieure. Les applications industrielles de la fusion thermonucléaire ne sont escomptées que vers la fin du siècle ou au cours du siècle prochain. L'enjeu reste néanmoins considérable, puisqu'il s'agit d'accéder à une forme d'énergie jusqu'à présent inexploitée et dont les potentialités sont immenses.

Au cours de la période de transition énergétique, on peut considérer que seules les filières à fission (générations III et IV) auront un réel impact. Ces filières disposent de grands atouts du fait de l'absence d'émissions de $CO_2$ et également d'une rentabilité économique d'autant plus favorable que le prix des énergies fossiles augmente.

Les freins au développement du nucléaire sont liés d'une part au niveau des investissements nécessaires et d'autre part à la réticence de l'opinion publique dans un certain nombre de pays, face aux dangers réels ou supposés du nucléaire.

Les investissements nécessaires, plus élevés au départ (d'un facteur de 1,5 à 2 par rapport à une centrale au charbon, d'un facteur de l'ordre de 3 par rapport à une centrale au gaz naturel), représentent un réel obstacle et pèsent d'autant plus sur le coût final du kWh produit que le taux d'actualisation pris en compte est élevé. Le taux d'utilisation à pleine puissance est également un facteur important de rentabilité, ainsi que la durée de vie totale, qui peut atteindre 40 à 60 ans.

Les principales limitations au développement du nucléaire proviennent néanmoins des craintes qu'il suscite encore. Les dangers mis en avant concernent la sécurité de la centrale elle-même, ainsi que les risques de prolifération liés à la gestion du cycle du combustible[3] et à l'entreposage des déchets radioactifs. Les craintes, qui portaient principalement sur la sécurité de la centrale elle-même ainsi que sur l'effet des déchets radioactifs à longue durée de vie, tendent à se reporter sur les risques de prolifération, notamment au stade de la production d'uranium enrichi au moyen de centrifugeuses, comme l'illustrent les situations en Iran et en Corée du Nord. Même si des réponses appropriées peuvent être apportées, notamment à travers des accords internationaux de contrôle, il n'en demeure pas moins que les délais nécessaires pour accroître très sensiblement la part du nucléaire seront longs.

---

3. Il est souvent question de combustible nucléaire pour parler des matériaux fissiles qui alimentent un réacteur nucléaire, par abus de langage, puisque l'énergie est produite par une réaction nucléaire et non par combustion.

Le problème des déchets demeure également un frein. Ces déchets doivent être entreposés et surveillés pendant des durées de deux à trois siècles pour les déchets de faible activité (déchets « A »). Les déchets les plus actifs (déchets « C ») doivent être confinés pendant de très longues durées. L'option qui a été choisie en France consiste à les confiner dans un stockage géologique profond, dit « réversible » : il sera possible ultérieurement (dans un siècle ou deux) de les récupérer, dans l'objectif d'un retraitement.

En effet, le plutonium contenu dans le combustible usé est parfois considéré comme un déchet et parfois comme une ressource. En France, il est séparé pour être recyclé sous forme de combustible « Mox ». Néanmoins, cette opération ne peut pas être répétée et, de ce fait, les stocks de plutonium augmentent dans le monde. Il est prévu de réutiliser ce combustible usé dans des réacteurs « surgénérateurs » mais, comme nous l'avons vu, leur déploiement à grande échelle risque de nécessiter encore de nombreuses années. Dans ces conditions, des quantités importantes de combustible usé contenant du plutonium devront être entreposées pendant encore longtemps.

Dans son scénario de référence, l'AIE a prévu une chute de la part du nucléaire dans la production d'électricité, de 18 % en 2005 à 11 % en 2030, malgré une augmentation de la puissance installée, de 368 GWe en 2005 à 415 GWe en 2030.

Les atouts du nucléaire sur le plan du changement climatique pourraient néanmoins favoriser une accélération de sa croissance dans l'avenir. Selon une vision émanant de l'industrie nucléaire, le scénario publié par la *World Nuclear Association* en 2005 prévoit dans sa version haute une puissance installée de 740 GWe en 2030, ce qui revient à inverser la tendance actuelle, en passant à 20 % de la production totale d'électricité.

Ceci montre néanmoins que, même en admettant une forte augmentation de la contribution du nucléaire dans la production d'électricité, il ne restera possible de couvrir ainsi qu'une fraction limitée de la fourniture d'énergie primaire pendant toute la période de transition.

## Les perspectives des énergies renouvelables

La place des énergies renouvelables reste actuellement confinée à un rôle d'appoint. Ainsi, en France, elles ont contribué pour 16,9 Mtep en 2006, soit 12 % de la production d'énergie primaire.

Sur ce total, la biomasse (bois et déchets de bois) représente 9,3 Mtep (en outre, 0,93 Mtep proviennent des déchets urbains, 0,67 Mtep des biocarburants) et l'hydraulique 4,9 Mtep. Ces deux sources d'énergie, dont la contribution au bilan des renouvelables est la plus importante, sont utilisées depuis déjà longtemps.

Le potentiel de développement de l'hydraulique reste limité. Depuis une trentaine d'années, la contribution de l'hydraulique dans la production mondiale d'électricité a stagné en valeur absolue et sa part relative a diminué, passant de 21 % en 1973 à 16 % en 2005. En France, l'aménagement de nouveaux sites concerne principalement les installations mini- ou micro-hydrauliques, mais l'aménagement des sites se heurte à de nombreux obstacles non seulement de caractère économique, mais aussi en termes d'acceptation sociale.

Le cas de la biomasse-énergie est assez différent. La biomasse représente un potentiel considérable, estimé dans le monde à 2 230 Mtep, dont 1 600 Mtep d'origine forestière [58]. Il faut noter qu'il s'agit là du potentiel actuellement mobilisable. Il pourrait atteindre de 6 000 à 11 900 Mtep en 2050 [1]

Les perspectives de développement de la biomasse-énergie sont donc prometteuses, notamment pour la cogénération d'électricité et de chaleur et seront donc analysées par la suite. Le cas des biocarburants, qui constituent un autre débouché important de la biomasse, sera également examiné plus en détail dans la suite du chapitre.

Les principaux espoirs de développement portent sur l'éolien et le solaire, dont la part est encore tout à fait marginale (respectivement 0,18 et 0,03 Mtep en France en 2006). Ces énergies présentent l'inconvénient d'être intermittentes et diluées. Leur intermittence a comme conséquence soit de limiter leur contribution soit de nécessiter un système de stockage coûteux.

## L'énergie éolienne : une technologie déjà mature

L'éolien représente une technologie déjà relativement mature. Les machines actuelles atteignent des puissances de 1,25 à 2,5 MW. Le rotor, pour une machine de 2,5 MW, atteint 80 m d'envergure [59]. La quasi-totalité des éoliennes de forte puissance ont une hélice à trois pales, ce qui permet d'obtenir un rendement plus élevé que dans le cas d'une hélice à deux pales, sans trop compliquer la réalisation de l'éolienne.

L'énergie éolienne est proche de la compétitivité, le coût de revient de l'électricité produite étant de l'ordre de 50 € / MWh. Son principal handicap réside dans le fait qu'elle est intermittente et ne peut pas être modulée en fonction de la demande. L'intermittence doit être compensée par le réseau, ce qui limite la part d'électricité que peut fournir l'énergie éolienne.

Dans le passé récent, le développement de l'énergie éolienne, notamment au sein de l'Union Européenne, a été favorisé par une politique volontariste, imposant un prix de reprise rémunérateur. La puissance installée a ainsi fortement augmenté au cours de ces dernières années. Elle a atteint dans le monde 60 000 MW en 2005 et 72 600 MW en 2006. La puissance installée en Allemagne est de 18 000 MW (en 2005), les deux autres leaders européens étant l'Espagne avec 10 000 MW et le Danemark avec 3 000 MW. En France, le parc éolien a atteint 1 500 MW en capacité installée fin 2006 contre 757 MW fin 2005.

Dans l'avenir, les projets en mer, au large des côtes, devraient se développer, malgré des coûts plus élevés, pour bénéficier de vents plus forts et plus réguliers, ainsi que pour éviter l'impact visuel et sonore des constructions à terre. Le Danemark dispose dès à présent d'une puissance installée en *offshore* de 400 MW. L'Allemagne envisage l'installation en *offshore* de 10 GW en 2015 et 20 GW en 2020.

Outre la production d'énergie éolienne en mer, la possibilité d'utiliser les différents mouvements de la mer (courants, vagues) est étudiée depuis longtemps et connaît actuellement un regain d'intérêt. Elle se présente sous différentes formes :

- énergie mécanique des vagues, des marées ou des courants de marée, exploitée par des hydroliennes analogues aux éoliennes, mais situées sous l'eau ;
- énergie thermique des mers dans les zones intertropicales, mettant à profit la différence de température entre les eaux superficielles et les eaux profondes ;
- énergie des gradients de salinité exploitant la différence de salinité entre eau douce et eau de mer.

Les difficultés de réalisation n'ont pas permis pour le moment dans ce domaine de développements dépassant le stade d'études, d'installations isolées (usine marémotrice de la Rance) ou de prototypes (énergie des vagues et hydroliennes). Pour le moment, la production offshore d'énergie éolienne apparaît comme la seule option praticable à grande échelle.

## Les promesses du solaire

L'énergie solaire est la principale ressource d'énergie renouvelable dans le monde. D'autres sources d'énergie renouvelable, telles que la biomasse-énergie ou l'énergie éolienne, en dérivent directement. C'est une source d'énergie abondante. Notre planète reçoit du soleil l'équivalent de 15 000 fois l'énergie consommée dans le monde. Par contre, c'est une énergie diffuse et intermittente.

La puissance reçue en plein midi par ciel bleu est de l'ordre de 1 kW/m$^2$. Compte tenu de l'intermittence jour-nuit et des fluctuations climatiques, l'énergie reçue en 24 heures est comprise entre 2 et 3 kWh par m$^2$ en Europe du Nord, entre 4 et 6 kWh par m$^2$ en Europe du Sud ou entre les tropiques.

L'énergie solaire peut être captée soit sous forme thermique, soit sous forme électrique en utilisant l'effet photovoltaïque.

Le solaire thermique basse température dispose de larges possibilités de développement à court terme. La chaleur est fournie par des capteurs solaires, constitués par une surface absorbante noire, qui transmet la chaleur à un fluide caloporteur, le plus souvent un mélange d'eau et de glycol pour éviter les risques de gel. Une surface vitrée est placée devant la surface absorbante pour arrêter le rayonnement infrarouge réémis. Pour atteindre des températures de 70 à 90 °C, on utilise des revêtements sélectifs limitant les réémissions de rayonnement infrarouge, tels que l'oxyde de chrome déposé sur du cuivre. Pour arriver à des températures supérieures à 100 °C, il faut utiliser des capteurs sous vide, ce qui est notamment nécessaire pour alimenter les systèmes de climatisation solaire à absorption [64, 65].

Dans le domaine de l'habitat, le solaire thermique est principalement utilisé pour fournir de l'eau chaude sanitaire. Il peut également assurer une partie des besoins de chauffage. Pour ces applications, les capteurs plans ont des rendements de l'ordre de 50 %. Quatre mètres carrés de capteurs environ sont nécessaires pour assurer les besoins en eau chaude d'une famille de quatre personnes [64].

Le solaire thermique à haute température, pour produire de l'électricité, qui nécessite des capteurs à concentration, n'est pas encore rentable et ses perspectives d'avenir restent débattues.

L'électricité photovoltaïque suscite de grands espoirs, mais n'est pas encore directement compétitive avec l'électricité produite dans les centrales actuelles. De ce fait, les seules applications à ce jour concernent des sites isolés pour la fourniture de puissances relativement réduites. Des progrès significatifs ont néanmoins été enregistrés. Comme dans le cas de l'éolien, les développements peuvent être rendus possibles à une plus large échelle par une politique incitative. En particulier, la possibilité d'exporter sur le réseau une partie de l'électricité produite, avec un tarif d'achat suffisamment attractif, devrait permettre de déployer les panneaux photovoltaïques dans l'habitat. Ainsi que cela a été signalé dans le chapitre précédent (ch. 5), l'intégration de panneaux solaires dans l'habitat pourrait conduire à une véritable révolution dans la conception future des bâtiments.

Les cellules photovoltaïques sont assemblées en modules. Le coût moyen des modules de production, après une forte baisse, tend actuellement à stagner ou même à légèrement augmenter du fait d'une pénurie de silicium, due à la rapide croissance de la demande. Le coût d'un système raccordé au réseau est de l'ordre de 5 € / Wc[4]. Dans le cas d'un système équipé d'un stockage par batterie, ce coût est compris entre 6 et 8 € / Wc. Le coût du kWh produit est compris entre 0,25 et 0,5 € sans stockage et entre 1 et 1,5 € avec stockage.

La puissance installée dans le monde est passée de 20 MWc en 1985 à 37 500 MWc en 2005 [60]. Les prévisions actuelles tablent sur une puissance installée de 66 400 MWc en 2020.

Le marché est aujourd'hui dominé à 80 % par les cellules en silicium mono ou multi cristallin. Dans l'avenir, des progrès supplémentaires sont escomptés dans le domaine des cellules photovoltaïques, notamment en réduisant l'épaisseur des couches au silicium et par la fabrication en grande série. Des couches minces sont réalisées en silicium multicristallin, déposé sur différents substrats (couches de 10 à 40 μ) ou en silicium amorphe (couches de 1 μ).

Toutefois, alors que le rendement de conversion des cellules en silicium monocristallin est de l'ordre de 16 à 17 %, ce rendement est inférieur à 10 % dans le cas des couches minces en silicium multicristallin. Celui des cellules en silicium amorphe est encore plus faible et de ce fait leur part de marché est devenue très faible. Des structures mixtes associant silicium cristallin et amorphe apparaissent comme une voie potentiellement intéressante.

D'autres matériaux sont étudiés tels que le diséléniure de cuivre et d'indium, de la famille des chalcopyrites, qui permettent d'atteindre des rendements élevés, proches de 20 %. Des matériaux organiques semi-conducteurs peuvent être également utilisés. Leur mise en œuvre est facile car ils peuvent être employés sous forme de feuilles souples, mais, pour le moment, leur rendement est au mieux d'environ 5 % et, en outre, leur durée de vie reste encore insuffisante [62, 63, 64].

---

4. Wc : Watt de puissance crête, la puissance crête étant la puissance maximale délivrée lorsque le rayonnement solaire est le plus intense.

La poursuite de la baisse des coûts devrait rendre la production photovoltaïque d'électricité compétitive à terme.

Un large développement de l'utilisation des cellules photovoltaïques devra néanmoins être associé à des progrès dans le domaine du stockage d'électricité afin de pallier l'intermittence de la fourniture d'énergie.

## Les avantages et les limitations de la géothermie

L'énergie géothermique exploite la chaleur extraite du sous-sol. La géothermie basse température est la plus facile d'accès : elle représente une énergie d'appoint pour le chauffage de bâtiments, en étant le plus souvent associée à des pompes à chaleur. En France, un potentiel important est disponible dans les bassins Parisien et Aquitain. L'énergie fournie en chauffage a été dans le monde de l'ordre de 70 TWh en 2005, soit 6 Mtep (0,13 Mtep pour la France).

La géothermie permet également de produire du courant électrique dans les pays bénéficiant d'un gradient géothermal élevé, tels que l'Islande. À condition de pouvoir réduire suffisamment les coûts de forage et de disposer des matériaux requis, une telle production d'énergie électrique pourrait être étendue à d'autres pays en mettant en œuvre la géothermie par grande profondeur. La puissance mondiale installée est d'environ 9,7 GW en 2007.

La géothermie présente le gros avantage par rapport au solaire et à l'éolien de fournir de l'énergie en continu. Par contre, elle demande une expertise et une connaissance du sous-sol qui sont un frein à son développement. Les infrastructures nécessaires doivent être amorties sur des durées relativement longues, avec un risque d'abaissement de la température de la source géothermale au bout d'une longue période de fonctionnement, la chaleur puisée n'étant renouvelée que très lentement.

## La biomasse-énergie et les biocarburants : potentialités et risques

La biomasse présente l'avantage d'être une forme d'énergie renouvelable, mais aussi stockable.

Son rôle dans la production d'énergie devrait croître dans l'avenir. La production de biomasse solide (bois et déchets de bois, paille, résidus de récolte, déchets végétaux et animaux) à usage énergétique a atteint au sein de l'Union Européenne (UE 25) 58,7 Mtep en 2005, soit une augmentation de 3,1 Mtep par rapport à 2004. La production d'énergie primaire provenant de la combustion directe de déchets urbains en unité d'incinération a représenté en outre 5,3 Mtep en 2005 [66].

La production de chaleur par combustion représente la principale utilisation énergétique de la biomasse et le bois constitue la première source d'énergie renouvelable en Europe. Le bois peut être utilisé dans des chaudières individuelles ou dans des chaufferies collectives. Il peut aussi servir à produire de la vapeur, à générer de l'électricité ainsi que de la chaleur en cogénération.

La production de biogaz est effectuée le plus souvent par fermentation méthanique *anaérobie* (sans présence d'oxygène) de déchets riches en matière organique. Il est également possible de récupérer au moins une partie du méthane produit dans les décharges à ciel ouvert, par fermentation *aérobie* (en présence d'oxygène). Le principal inconvénient du biogaz ainsi produit est qu'il contient de nombreux contaminants et notamment des composés acides très corrosifs. Le biogaz doit donc en général être traité de manière poussée. Le biogaz sert à alimenter de petites installations de production d'énergie, opérant notamment en cogénération. Il peut être également utilisé comme carburant sous forme de gaz comprimé (GNV). Cette application se heurte à la difficulté de distribuer un carburant gazeux, mais présente un bilan environnemental particulièrement intéressant.

Les biocarburants[5] constituent à l'heure actuelle la principale alternative aux carburants pétroliers dans le domaine des transports, et suscitent, de ce fait, un engouement considérable dans le monde, notamment au Brésil, aux États-Unis et au sein de l'Union Européenne.

Les biocarburants présentent l'avantage de réduire la dépendance des pays consommateurs vis-à-vis du pétrole tout en améliorant le bilan $CO_2$. Le $CO_2$ émis par combustion de la biomasse est considéré comme neutre vis-à-vis du bilan en gaz à effet de serre, du fait qu'il peut être considéré comme recyclé au cours de la photosynthèse, comme cela a été indiqué précédemment. Il faut néanmoins tenir compte de l'ensemble des émissions générées au cours de la production, du transport et de la transformation de la biomasse (analyse de cycle de vie), ce qui peut dans certains cas réduire fortement cet avantage ou même l'annuler complètement.

Les pays de l'Union Européenne ont établi un objectif d'incorporation dans les carburants (essence et gazole) d'au moins 5,75 % de biocarburants en 2010 et 10 % à l'horizon 2020. La France vise une progression encore plus rapide, pour atteindre un taux d'incorporation de 5,75 % de biocarburants dès 2008, un taux de 7 % en 2010 et un taux de 10 % en 2015. Les États-Unis affichent un objectif particulièrement ambitieux de 30 % de biocarburants pour les transports en 2030.

Dans le monde, **l'éthanol** est de loin le biocarburant le plus utilisé. Il est produit par fermentation de sucre, obtenu à partir de plantes sucrières telles que la canne à sucre et la betterave. Il peut être également produit à partir d'amidon provenant de céréales telles que le maïs et le blé. Le sucre nécessaire à l'étape de fermentation est alors obtenu à partir de l'amidon sous l'effet d'une enzyme. La production d'éthanol à partir de canne à sucre est pratiquée à très grande échelle au Brésil, qui a largement développé l'utilisation d'éthanol comme carburant. La production d'éthanol à partir de céréales et principale-

5. Le terme de biocarburants est consacré par un long usage ; les biocarburants utilisés actuellement ne sont pas à 100 % d'origine biologique. De ce fait, le terme d'agrocarburants est parfois préféré.

ment de maïs est surtout pratiquée aux États-Unis, le deuxième grand producteur d'éthanol. L'éthanol peut être utilisé dans les moteurs à essence, mais en France, il est surtout employé sous forme d'ETBE, composé formé avec l'isobutène, de façon à être plus facilement incorporable dans l'essence. À l'avenir, l'utilisation directe d'éthanol comme carburant est amenée à se développer à travers la filière *flexfuel*, déjà très répandue au Brésil, aux États-Unis ainsi qu'en Suède et officiellement lancée en France début 2007 : les véhicules de type *flexfuel* peuvent fonctionner indifféremment avec de l'essence traditionnelle, avec un carburant dit E85 contenant 85 % d'éthanol (superéthanol), ou avec un mélange des deux en toutes proportions, résultant des pleins effectués dans différentes stations-service.

La production mondiale d'éthanol a atteint 36 Mt en 2005, dont 75 % pour les applications comme carburant, la plus grande partie de la production étant concentrée au Brésil et aux États-Unis.

En Europe et notamment en France, l'**ester méthylique d'huile végétale** (EMHV), obtenu à partir d'huile de colza ou d'huile de tournesol, est actuellement le biocarburant le plus utilisé.

L'ester méthylique d'huile végétale peut être incorporé au carburant Diesel jusqu'à un taux de 5 % sans nécessiter d'adaptations importantes du moteur. Des niveaux d'incorporation plus élevés sont possibles, mais à condition de prévoir les quelques adaptations nécessaires.

La production d'EMHV dans le monde a été en 2005 de 4 Mt, une grande partie de cette production étant assurée au sein de l'Union Européenne.

Pour atteindre par les voies actuelles un niveau de production de biocarburants représentant 10 % de la consommation de carburants, il faudrait, que ce soit en Europe ou aux États-Unis, exploiter une surface équivalant à 30 à 40 % de la surface agricole actuelle [68], ce qui ne paraît ni possible, ni acceptable.

En France, le potentiel de production de ces biocarburants dits *de première génération* est de l'ordre de 2 à 3 millions de tonnes par an, seuil au-delà duquel se pose rapidement un problème de compétition avec d'autres usages, notamment alimentaires. Ce potentiel permet d'atteindre l'objectif de 2008, mais reste nettement en deçà de ce qui est nécessaire pour atteindre l'objectif visé pour 2020.

L'utilisation comme matière première de biomasse lignocellulosique (bois, déchets agricoles tels que la paille de céréales et d'oléagineux, cultures à rotation rapide sur surfaces agricoles, etc.), non exploitée pour l'alimentation humaine, augmente considérablement le potentiel de production de biocarburants. La production de carburants liquides à partir de biomasse lignocellulosique nécessite toutefois le développement de technologies dites de *deuxième génération*, qui ne sont pas encore prouvées, ni industriellement, ni économiquement. Deux voies de transformation, l'une thermochimique et l'autre biochimique, sont étudiées.

La *voie thermochimique*, en cours de développement, consiste à transformer la biomasse sous l'effet de la chaleur en une phase gazeuse ou liquide. Des carburants liquides peuvent être obtenus en passant par une étape de gazéification, suivie d'une étape Fischer-Tropsch. Cette filière BTL (pour *Biomass To Liquids*) est similaire aux filières GTL et CTL de production de carburants de synthèse à partir de gaz naturel ou de charbon, décrites dans le chapitre 7. Elle présente l'avantage de produire des carburants liquides de haute qualité et notamment du carburant pour moteurs Diesel directement utilisable dans les moteurs actuels.

La pyrolyse en atmosphère sans oxygène de la biomasse lignocellulosique produit une phase liquide, le « biopétrole ». Ce produit est riche en composés oxygénés, ce qui le rend non miscible avec les hydrocarbures, mais il peut être transformé en carburants liquides *via* une étape de gazéification. Sa transformation en carburant par hydrogénation constitue également une des voies de recherche explorées.

La *voie biochimique*, qui fait l'objet de travaux R & D importants, nécessite un fractionnement de la biomasse lignocellulosique en ses trois composants : cellulose, hémicelluloses et lignine. Du glucose peut être obtenu à partir de la cellulose, sous l'effet d'enzymes. Le glucose est ensuite envoyé à une étape de fermentation pour obtenir de l'éthanol. Les travaux actuels visent à améliorer les performances de ce procédé de conversion. Les recherches en cours portent notamment sur la transformation des hémicelluloses, à partir desquelles il est possible d'obtenir d'autres sucres, les pentoses, qu'il faut ensuite transformer en éthanol par fermentation. Cette conversion est néanmoins plus difficile pour la fraction cellulosique et n'a pas encore atteint le stade industriel [67]. La lignine est séparée et peut être utilisée comme combustible pour fournir de l'énergie. La production d'éthanol cellulosique reste actuellement plus coûteuse que la production d'éthanol à partir de plantes sucrières. Des gains de compétitivité sont néanmoins escomptés.

Un large développement des biocarburants n'est acceptable qu'à condition de respecter des critères de développement durable. Les risques associés à la production de biomasse à usage de biocarburants doivent être analysés soigneusement : compétition avec les usages alimentaires, consommation d'eau, d'engrais et de pesticides.

En se limitant aux filières de première génération actuelles, une compétition avec les usages alimentaires apparaît à partir de 5 à 10 % de taux d'incorporation dans les carburants. Il est donc nécessaire de faire appel aux nouvelles filières de production à partir de biomasse lignocellulosique, pour atteindre des niveaux de pénétration plus élevés.

Il faut, dans tous les cas, veiller à ce que la production de la biomasse utilisée s'effectue dans des conditions acceptables pour l'environnement et, en particulier, ne conduise pas à des opérations de déforestation, ni à une dégradation irrémédiable des sols.

L'amélioration du bilan $CO_2$ représente un critère de sélection essentiel. Elle doit être évaluée en effectuant une analyse complète du cycle de vie, depuis l'étape de production de la biomasse jusqu'à l'utilisation du biocarburant dans le moteur. Cette analyse de cycle de vie est indispensable à effectuer car certaines filières de production d'éthanol à partir de céréales, faisant largement appel à des énergies fossiles pour transformer la biomasse, présentent un gain qui peut être faible voire même nul. Au contraire, les voies de transformation de la biomasse lignocellulosique explorées actuellement permettent de diminuer de 70 à 90 % les émissions globales de $CO_2$ sur l'ensemble du cycle de production et d'utilisation du biocarburant.

Il faut également prendre en compte les émissions de gaz à effet de serre autres que le $CO_2$, et notamment les émissions de protoxyde d'azote ($N_2O$) résultant de l'utilisation d'engrais azotés.

Le développement de nouveaux procédés de production de biocarburants à partir de biomasse lignocellulosique apparaît comme indispensable pour arriver à des taux de pénétration élevés, supérieurs à 10 %, tout en respectant des critères de développement durable et sans compromettre la production de biomasse à usage alimentaire.

Quelle que soit la filière utilisée, il est nécessaire que ces critères soient respectés. Ce n'est qu'à cette condition que les biocarburants pourront contribuer de manière significative à la résolution des problèmes d'énergie et de changement climatique.

## Le rôle de l'hydrogène

En dehors du cas particulier de la biomasse, les énergies renouvelables ne peuvent être utilisées que sous forme d'électricité (éolien, photovoltaïque) ou éventuellement de chaleur à bas niveau thermique (solaire thermique et géothermie).

La diversification énergétique va donc nécessiter, d'une part, l'accroissement des utilisations de l'électricité (notamment au moyen de pompes à chaleur) et, d'autre part, l'introduction d'un vecteur énergétique pouvant servir de carburant et fournir de la chaleur à haut niveau thermique, notamment pour les applications industrielles, sans émettre de $CO_2$.

L'hydrogène peut jouer ce rôle, à condition de surmonter des obstacles qui restent importants : coût, nécessité de mettre en place des infrastructures de transport et de distribution, stockage. En effet, l'hydrogène sert à stocker de l'énergie, mais pour arriver à des densités de stockage suffisantes, il faut mettre en œuvre des dispositifs relativement coûteux : stockage sous forme gazeuse à très haute pression (600-700 bars), liquide à très basse température ou solide (composés d'inclusion de type « hydrures »).

L'hydrogène est aussi le combustible le plus approprié pour les piles à combustible. Les piles à combustible transforment l'énergie chimique de combustion directement en électricité, avec un rendement de conversion très élevé. La pile à combustible est pour cette raison fréquemment considérée comme le convertisseur d'énergie de l'avenir. On distingue les piles à basse température, comprenant la pile à membrane échangeuse de protons (PEMFC) ainsi que ses variantes alimentées en méthanol ou éthanol (DMFC et DEFC), et les piles fonctionnant à plus haute température, pile alcaline (AFC), pile à carbonate fondu (MCFC) et pile à oxyde solide (SOFC) [71]. Malgré des progrès importants, les piles à combustible, et notamment les piles à basse température pour lesquelles une large diffusion est visée, se heurtent encore à des problèmes de durée de vie et de coût. Le coût élevé résulte notamment de l'utilisation du platine comme catalyseur de la réaction électrochimique. De ce fait, leur utilisation est réservée pour le moment à des marchés de niche (applications militaires, groupes électrogènes de secours ainsi qu'électronique portable, marché en développement pour des piles miniature, PEMFC à hydrogène ou DMFC à méthanol).

L'hydrogène peut être produit soit à partir de combustibles fossiles, soit par électrolyse.

L'hydrogène sera produit, dans un premier temps, à partir de gaz naturel, de charbon ou de biomasse, en passant par l'intermédiaire d'un gaz de synthèse. Le gaz de synthèse est obtenu dans le cas du gaz naturel par une réaction endothermique[6] de vaporéformage, en présence de vapeur d'eau et, dans le cas du charbon ou de la biomasse, par une réaction exothermique d'oxydation partielle en présence d'oxygène. Le gaz de synthèse est ensuite transformé en présence de vapeur d'eau en un mélange d'hydrogène et de dioxyde de carbone (réaction de « shift conversion »).

---

6. Réaction endothermique : réaction chimique qui s'effectue avec absorption de chaleur ; réaction exothermique : réaction chimique qui s'effectue avec dégagement de chaleur.

À condition de capter et stocker le dioxyde de carbone, l'hydrogène obtenu permet de produire de l'électricité à partir de charbon ou éventuellement de gaz naturel sans émission de $CO_2$ (projets FutureGen aux États-Unis, HypoGen en Europe).

La production d'hydrogène à partir de combustibles fossiles ne présente donc un réel intérêt qu'en combinaison avec le captage et le stockage de $CO_2$. Ceci conduit à privilégier des installations de production centralisée, étant donné qu'il est difficile de capter le $CO_2$ en vue de le stocker dans le sous-sol dans le cas d'une installation décentralisée de petite capacité.

Cet hydrogène, produit avec captage et stockage du $CO_2$ et dont le contenu carbone est neutre, peut être également utilisé pour des applications en raffinage pétrolier et en chimie, notamment pour obtenir des carburants pétroliers de meilleure qualité environnementale.

Au-delà, la production d'hydrogène avec captage et stockage de $CO_2$ à partir de biomasse permet d'obtenir de l'hydrogène (et donc de l'énergie) à contenu carbone négatif, avec un prélèvement net de $CO_2$ dans l'atmosphère, comme cela a été indiqué précédemment.

L'hydrogène produit par électrolyse, à partir d'électricité nucléaire ou d'origine renouvelable, reste actuellement plus coûteux que l'hydrogène produit à partir de gaz naturel, mais devrait à terme devenir rentable. Il paraît peu intéressant de le reconvertir en électricité, le transport direct de l'électricité étant plus simple et plus économique. À condition d'utiliser de l'électricité d'origine nucléaire ou provenant de renouvelables, l'hydrogène produit peut être utilisé soit dans des applications industrielles, en vue d'améliorer le bilan carbone, soit comme carburant à bord d'un véhicule.

L'utilisation de l'hydrogène comme moyen de stockage peut servir à compenser le caractère intermittent de la fourniture d'énergie renouvelable ou à moduler la fourniture d'électricité à partir d'une production en base, c'est-à-dire à puissance constante, ce qui correspond aux conditions recherchées dans le cas du nucléaire. Il faut toutefois, dans ce cas, passer par une étape de production d'hydrogène par électrolyse, suivie d'une étape de génération d'électricité dans une pile à combustible (ou encore dans un cycle combiné). Ces transformations successives entraînent des coûts et une baisse du rendement global.

En stockage embarqué, l'utilisation d'hydrogène comme carburant dans un véhicule présente l'intérêt à la fois d'éviter potentiellement les émissions de $CO_2$ et, en même temps, de pouvoir diversifier les sources d'énergie. Les progrès réalisés il y a quelques années dans le domaine des piles à combustible ont permis d'espérer qu'un système de propulsion formé par une pile à combustible, alimentée par de l'hydrogène et produisant l'électricité nécessaire pour entraîner les moteurs électriques de propulsion, pourrait apporter la solution idéale recherchée dans le domaine des transports. Ce but est encore loin d'être atteint. De nombreuses difficultés demeurent, concernant à la fois l'utilisation de l'hydrogène et le développement des piles à combustible (coût, fiabilité). La réalisation du stockage représente en particulier un point délicat. L'hydrogène peut être stocké sous forme gazeuse à haute pression à 600-700 bars. Il peut également être stocké en phase liquide, mais à très basse température, ce qui entraîne un coût élevé et rend difficile le stockage prolongé. Des formes de stockage alternatives, notamment sous forme d'hydrures, sont étudiées mais n'ont pas encore abouti à une solution compétitive. Les systèmes actuels mettant en œuvre de l'hydrogène comprimé permettent d'atteindre une densité de stockage de 4 % en poids (rapport du poids d'hydrogène stocké au poids total du système de stockage). On estime qu'il faudrait atteindre environ le double de cette valeur pour pouvoir équiper un véhicule d'un système de stockage transportant les 8 kg d'hydrogène nécessaires pour atteindre une autonomie de l'ordre de 500 km, avec un véhicule équipé d'une pile à combustible [69]. On peut noter cependant que le pouvoir calorique de l'hydrogène étant de 120 MJ/kg[7], une densité de stockage de 4 % en poids correspond à une densité de stockage énergétique de 1,33 kWh/kg. Cette densité est dès à présent très supérieure à celle qu'il est possible d'obtenir au moyen de batteries électrochimiques, la densité de stockage des

7. PCI : pouvoir calorifique inférieur, ne prenant pas en compte la chaleur de condensation de la vapeur d'eau formée.

meilleures batteries ne dépassant pas actuellement 70 Wh/kg, comme nous l'avons dans le chapitre précédent (ch. 5).

La diffusion à grande échelle de l'hydrogène pour un ensemble d'usages décentralisés et pour le transport, conduisant à une « civilisation de l'hydrogène » [70], risque cependant de prendre encore des dizaines d'années et s'avère donc incertaine.

Il n'en demeure pas moins que la transition énergétique va requérir la mise en œuvre de nouveaux vecteurs énergétiques et de nouveaux moyens de stockage de l'énergie. Dans cette perspective, l'utilisation de l'hydrogène est une des voies qu'il est indispensable d'explorer.

## L'hybridation des sources

La décarbonisation de l'énergie sera favorisée en mettant en place des systèmes hybrides, alimentés par différentes sources d'énergie.

*Dans le domaine du transport*, les systèmes de propulsion hybrides rechargeables vont jouer ce rôle.

Les véhicules hybrides actuels, de type *Toyota Prius,* ne disposent en mode électrique pur que d'une faible autonomie de parcours (de l'ordre de 2 km). En outre, toute l'énergie consommée provient du carburant embarqué.

En augmentant la capacité du dispositif de stockage électrique, et en rendant la batterie électrique rechargeable sur secteur, il est possible de couvrir des besoins beaucoup plus étendus tels que la plupart des déplacements urbains. La consommation de carburant pétrolier d'un tel véhicule rechargeable sur le réseau (VHR) peut être ainsi très fortement réduite. En France, 60 % des trajets journaliers seraient couverts par un véhicule VHR disposant d'une autonomie électrique de 30 km (VHR 30), cette part s'élevant à 70 % pour une autonomie électrique de 40 km (VHR 40). Les grands trajets ne représentent en effet en France que 30 % du kilométrage annuel.

Un véhicule VHR disposant d'une autonomie de 60 km en mode électrique pur (VHR 60) permettrait d'atteindre un niveau d'émission moyen de l'ordre de 40 g $CO_2$/km, représentant un facteur 4 de réduction par rapport aux niveaux d'émissions actuels. Ceci suppose néanmoins que l'électricité consommée soit elle-même décarbonée.

En utilisant un moteur thermique pouvant fonctionner avec un biocarburant tel que l'éthanol produit à partir de biomasse lignocellulosique, on peut encore réduire la dépendance vis-à-vis du pétrole ainsi que les émissions de $CO_2$ [74].

*En production d'électricité*, le réseau électrique sera dans l'avenir capable d'utiliser au mieux différents types de générateurs, centralisés ou décentralisés, associés à des stockages de capacité variable.

Un réseau mondial de distribution d'électricité pourra à terme gérer différents types de systèmes de production (centralisés ou décentralisés, intermittents ou continus) ainsi que différents types de demandes (concentrées ou dispersées, continues ou intermittentes). Il devra être équipé de dispositifs de stockage d'énergie assurant une flexibilité suffisante, ainsi que de systèmes de protection permettant d'améliorer la stabilité du réseau, tels que les FACTS (*Flexible Alternating Current Transmission Systems*), qui comprennent notamment des systèmes dont la réactance est contrôlée en fonction de l'état du réseau [75].

Un tel réseau à l'échelle mondiale a été comparé à Internet et appelé *Electranet* pour souligner la similarité.

Ce type de réseau constitue un système hybride connectant les utilisateurs à différentes sources d'énergie. Il représente l'un des moyens à mettre en œuvre pour faciliter la transition énergétique et réduire progressivement la part des énergies fossiles.

Le développement de « réseaux intelligents » (« *smart grids* ») fait partie des voies prometteuses d'innovation récapitulées dans le tableau en fin de chapitre.

## Les actions de recherche à entreprendre...

### ... pour réduire le contenu carbone de l'énergie

*Nucléaire*

- Développement des filières de Génération IV
- Traitement et stockage des déchets
- Développement des réacteurs à fusion

*Énergies renouvelables (éolien, solaire, géothermic)*

- Développement de l'éolien offshore
- Amélioration des systèmes photovoltaïques
- Géothermie profonde

*Production d'énergie à partir de biomasse*

- Traitement des gaz de combustion
- Gazéification de la biomasse
- Production de biogaz
- Production d'électricité et/ou de chaleur avec captage et stockage de $CO_2$

*Biocarburants*

- Amélioration des technologies de première génération
- Développement de filières de deuxième génération (production de carburants à partir de biomasse lignocellulosique par fermentation et par voie thermochimique)
- Liquéfaction directe de la biomasse
- Production de biocarburants à contenu carbone négatif (production avec captage et stockage de $CO_2$)

*Hydrogène*

- Procédés de production du gaz de synthèse
- Développement de la production d'hydrogène avec captage et stockage de $CO_2$
- Production d'hydrogène à partir de biomasse, dont production d'hydrogène à contenu carbone négatif

*Hybridation des sources*

- Développement de réseaux électriques « intelligents »
- Systèmes hybrides rechargeables

# 7 Maîtriser les approvisionnements en énergies fossiles

## Quel rôle pour les combustibles fossiles ?

Alors que notre objectif est de réduire le plus rapidement possible la part des énergies fossiles dans l'offre mondiale d'énergie primaire, les réductions de consommation d'énergie et la montée en puissance des énergies renouvelables vont inévitablement demander du temps. Dans ce contexte, quel rôle peuvent jouer les énergies fossiles (pétrole, gaz, charbon) et comment peuvent-elles contribuer à assurer une transition qui vise justement à nous passer d'elles ?

Pour aller plus loin, l'objectif consistant à élargir et diversifier les sources d'approvisionnement en énergies fossiles apparaît en contradiction flagrante avec celui qui vise à réduire les émissions de $CO_2$. Les seules réserves actuellement prouvées de charbon représentent 900 milliards de tonnes, susceptibles d'émettre près de 3 000 milliards de tonnes de $CO_2$ si ce charbon est consommé. C'est beaucoup plus que les émissions totales de carbone acceptables au cours des cinquante prochaines années, qui sont de l'ordre de 500 milliards de tonnes si l'on veut tenir l'objectif d'une augmentation de la température moyenne ne dépassant pas 2 °C.

Trois raisons poussent néanmoins à ne pas abandonner les efforts dans le domaine des combustibles fossiles :

- Tout d'abord, nous avons vu que les combustibles fossiles vont dans tous les cas occuper une place significative dans la satisfaction des besoins énergétiques mondiaux pendant toute la période de transition. Même dans l'hypothèse d'une forte réduction de leur consommation, il faudra néanmoins arriver à couvrir les besoins, sans rupture brutale. Le problème à régler ne concerne pas le niveau absolu des réserves, mais plutôt le niveau de production à maintenir pendant toute la période de transition.

- Il faut diversifier les sources d'approvisionnement, de façon à réduire les risques, et notamment les risques géopolitiques liés à un nombre réduit de fournisseurs.
- Toutes les énergies fossiles ne sont pas équivalentes. Le gaz naturel conduit à des émissions de $CO_2$ beaucoup plus réduites que celles qui résultent de l'utilisation du charbon. Il faut donc éviter que des tensions à court terme sur l'offre en hydrocarbures et notamment en gaz naturel ne conduisent à un report massif et rapide sur le charbon, et ceci avant la mise en place du captage et du stockage du $CO_2$.

En résumé, pour maîtriser les approvisionnements en énergies fossiles, il faut tout d'abord en réduire la consommation, comme cela a été discuté dans le chapitre 5. Mais il faut aussi éviter, pendant toute la période de transition, une rupture des approvisionnements. Enfin, il faut pouvoir diversifier au mieux les sources d'approvisionnement, en favorisant celles qui ont le moins d'impact sur l'environnement.

## La fin d'un pétrole abondant et peu cher

Le premier choc pétrolier en 1973, puis le second en 1979, qui ont constitué des signaux d'alarme, ont favorisé l'essor du pétrole dit « technologique », en permettant notamment les progrès considérables enregistrés dans le domaine de la production de pétrole en mer.

L'évolution des prix du pétrole depuis la Seconde Guerre mondiale est représentée sur la figure 7.1, en dollars courants et en dollars constants (2006) pour effacer les effets de l'inflation. Après une longue période de prix très bas, l'histoire du pétrole est devenue beaucoup plus mouvementée au cours des trente dernières années. Elle a été marquée en 1973 par le premier choc pétrolier consécutif à la guerre du Yom Kippour, puis en 1979 par le deuxième choc, provoqué par la révolution iranienne et la guerre Iran-Irak. Ce deuxième choc a été suivi par un contre-choc en 1986, au cours duquel le prix du pétrole est rapidement retombé. La part significative prise par le pétrole technologique et un affaiblissement du cartel de l'OPEP dans un contexte de détente internationale lié à la fin de la guerre froide ont favorisé ce contre-choc, provoquant une chute brutale des cours du pétrole. Il en a résulté l'impression d'une abondance d'hydrocarbures, créant un effet dissuasif sur les investissements en exploration-production, que ce soit pour la recherche de nouveaux gisements ou la mise en production de gisements connus.

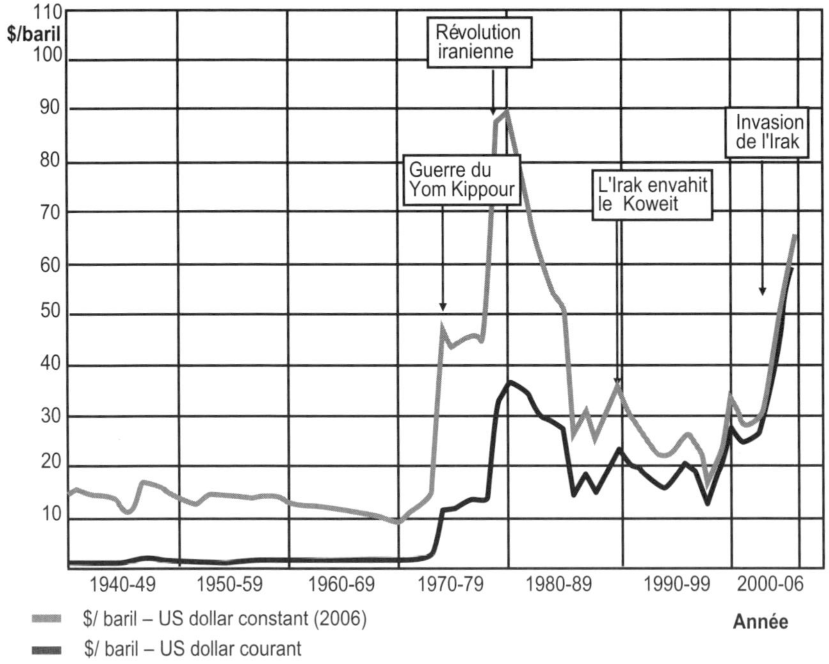


**Figure 7.1 :** Évolution du prix du pétrole brut
(*Source* : BP Statistical Review)

Le regain de tension politique, la guerre en Irak qui a suivi l'invasion du Koweït, le développement du terrorisme, la croissance de la demande mondiale et les analyses pessimistes sur l'état des réserves ont conduit à une remontée des cours et à la fin annoncée du pétrole « abondant et peu cher ». Fin 2007, le cours du pétrole avoisinait 100 $/b.

## L'état actuel des réserves pétrolières

Les réserves d'hydrocarbures sont constituées par le pétrole et le gaz contenus dans des gisements identifiés et qui peuvent être produits commercialement dans des conditions économiquement acceptables [76]. Elles prennent donc en compte les conditions techniques (notamment le taux de récupération des hydrocarbures en place obtenu avec les technologies connues) et économiques du moment.

Selon le niveau de certitude avec lequel ces réserves sont connues, on distingue les réserves prouvées (probabilité supérieure à 90 %), probables (probabilité comprise entre 30 et 90 %) et possibles (entre 10 et 30 %).

Les ressources comprennent toutes les quantités identifiées, y compris celles jugées non commercialement exploitables dans les conditions techniques et économiques du moment, ainsi que celles qui restent à découvrir.

Enfin, on qualifie de ressources ultimes la totalité des hydrocarbures présents ou estimés, en incluant des volumes d'hydrocarbures qui, à un moment donné, ne sont pas jugés de nature à s'additionner aux réserves, même dans un avenir prévisible. Cette appréciation peut bien sûr évoluer au cours du temps.

Les ressources non conventionnelles sont celles qui ne peuvent pas être exploitées par les moyens habituels (ou « conventionnels »), et sont constituées dans le cas du pétrole par les huiles extra-lourdes, les sables asphaltiques et les schistes bitumineux.

Aux conditions économiques et techniques actuelles, les réserves prouvées de pétrole sont estimées à 162 milliards de tonnes (soit 1 200 milliards de barils), ce qui représente environ 40 ans de consommation au rythme actuel.

Le diagramme de la figure 7.2 fournit une représentation des ressources en pétrole de la planète. La production cumulée de pétrole depuis le début de l'exploitation pétrolière s'élève à 137 Gt (milliards de tonnes). Les réserves prouvées actuelles, avec un taux de récupération moyen de 35 % du pétrole en place dans les gisements, représentent 162 Gt. Les gisements restant à découvrir (selon une approche probabiliste basée sur l'étude des bassins sédimentaires de la planète), à supposer qu'ils soient exploités avec le même taux de récupération, fourniraient encore 140 Gt. Une augmentation du taux de récupération de 35 à 50 % (par la mise en œuvre de nouvelles technologies) permettrait d'augmenter les réserves prouvées actuelles de 65 Gt et de produire 60 Gtcp supplémentaires à partir des découvertes futures (ceci ne tenant pas compte d'une production additionnelle à partir de gisements actuellement considérés comme épuisés). Au total, 265 Gt de pétrole, représentant près de 2 500 milliards de barils (soit 65 années de consommation au rythme actuel), pourraient venir s'ajouter aux réserves prouvées actuelles.

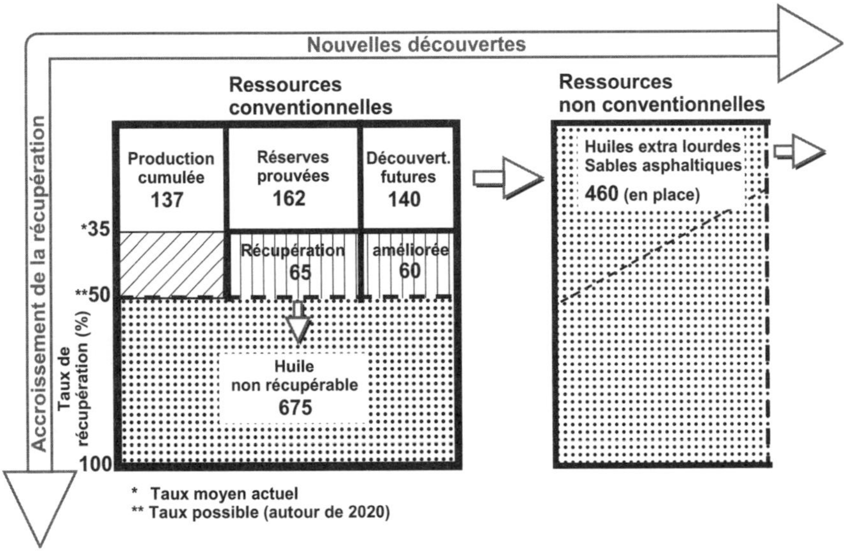


**Figure 7.2 :** Réserves et ressources pétrolières (Gt)
(*Source* : IFP)

Les ressources en brut non conventionnel sont quant à elles considérables et s'élèvent à 460 Gtep, dont on ne sait pour le moment récupérer qu'une partie relativement faible.

Ces valeurs, dans l'absolu, apparaissent rassurantes. Mais ce serait oublier d'autres facteurs essentiels. D'une part, notre rythme de consommation a considérablement crû ces dernières années et cette tendance se poursuit largement : nous avons plus consommé de pétrole depuis 1980 (en 27 ans) que pendant toute la période précédente (plus d'un siècle !). D'autre part, le rythme des nouvelles découvertes ne suit pas, et de loin, le rythme de notre consommation. En particulier, on ne trouve plus que très peu de gisements géants, alors que ceux-ci assurent environ la moitié de la production mondiale de pétrole brut. Ainsi, la découverte des quatre plus gros gisements fournissant chacun plus de 1 million de barils par jour (soit environ 50 Mt/an) est antérieure aux années 80.

En outre, des incertitudes pèsent sur le niveau exact des réserves. Les valeurs publiées dépendent des déclarations de pays qui peuvent avoir intérêt à surestimer le niveau de leurs réserves.

La répartition géographique des réserves pétrolières entraîne également un risque géopolitique sur les approvisionnements et ceci d'autant plus que la dépendance des pays consommateurs augmente.

Enfin, il faut prendre en compte la difficulté croissante d'exploitation d'une grande partie des nouveaux gisements (plus petits, plus profonds, dans des zones plus difficiles d'accès).

## Vers un pétrole de plus en plus technologique

L'exploitation d'un gisement de pétrole n'est pas éternelle. La production d'un champ pétrolier mis en exploitation commence par croître, atteint un plateau puis amorce une phase de déclin plus ou moins longue.

La date à laquelle on pourrait atteindre au niveau mondial un maximum de la production de pétrole suivi d'un déclin inéluctable *(peak oil)* a fait l'objet de nombreux débats, suscités notamment par l'ASPO (*Association for the Study of the Peak Oil & Gas*).

En examinant la courbe d'évolution de la quantité de pétrole découverte au cours du temps, un géologue américain, King Hubbert, a pu montrer que la production suivait la même courbe avec un décalage de 33 ans. Le pic de découvertes étant intervenu aux États-Unis en 1937, il a pu prévoir en 1956 que le pic de production interviendrait en 1970, c'est-à-dire quatorze ans plus tard, ce qui a été effectivement observé [78].

Depuis, on a tenté de transposer la même méthode au niveau mondial, et c'est ce qui a conduit aux différentes annonces concernant la date d'un *peak oil.* Toutefois, la méthode qui avait été utilisée avec succès pour prévoir le *peak oil* aux États-Unis est difficile à transposer au niveau mondial.

La date à laquelle la production mondiale de pétrole va plafonner n'est pas fonction uniquement d'un volume absolu de ressources, mais également des moyens techniques et financiers qui pourront être effectivement mis en œuvre pour les exploiter. Il faut également souligner que la notion de *peak oil* à l'échelle mondiale est beaucoup plus complexe qu'à l'échelle régionale. L'augmentation des prix qu'elle entraînera inévitablement conduira en particulier à se tourner vers des ressources non conventionnelles, non comptabilisées initialement.

De nombreuses annonces concernant un *peak oil* plus ou moins imminent ont été publiées récemment. L'ASPO situe ce *peak oil* vers 2010, avec un sommet de production à 90 millions b/j, soit environ 4,5 milliards de tonnes par an (niveau très proche de la production actuelle qui en 2006 a atteint 85 millions b/j) [81]. La société Douglas-Westwood le situe en 2016 [81], la société Total, dans un rapport paru en 2003, vers 2025 [83].

Compte tenu des fluctuations importantes observées dans la production de pétrole brut à l'échelle mondiale en fonction des conditions économiques du moment, la date exacte du « pic » de production représente un enjeu assez théorique. Aux approches du sommet de production, le marché pétrolier risque de devenir très instable et plutôt qu'un « pic », on pourrait observer un plateau fortement ondulé.

Il n'en demeure pas moins vraisemblable qu'un maximum de production, ne dépassant pas 100 millions de barils par jour, soit environ 5 milliards de tonnes par an, soit atteint d'ici une vingtaine d'années, et encore au prix d'efforts importants (fig. 7.3).

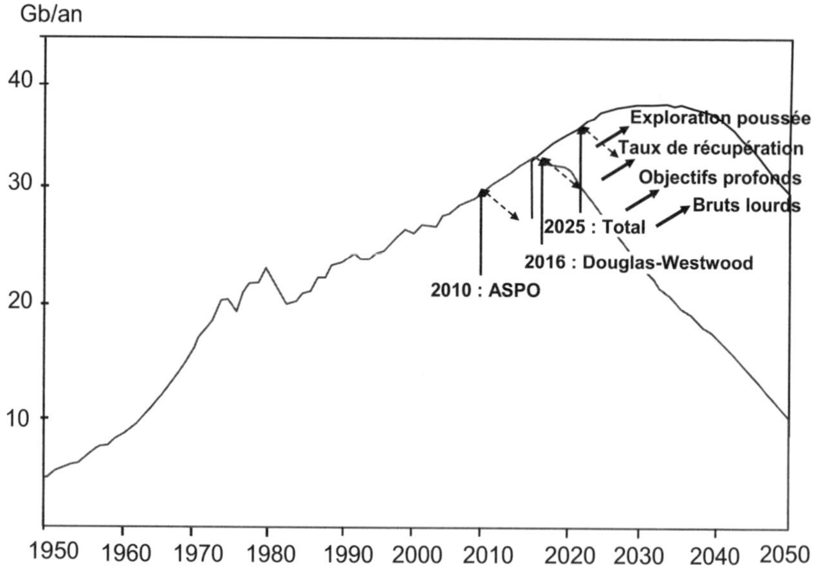


**Figure 7.3 :** Déplacement du pic de production pétrolière (*Source* : IFP)

L'évolution de la demande de pétrole sera donc décisive. Si elle continue à progresser au rythme actuel, il sera difficile de continuer à assurer une offre au niveau correspondant. Le problème des ressources est aggravé par la difficulté croissante d'effectuer les investissements nécessaires dans un contexte de risque technologique et géopolitique accru. Il en résulte un risque d'écart entre offre et demande qu'aucune autre source d'énergie n'est en mesure de combler rapidement.

Pour éviter une crise à relativement court terme, il est donc nécessaire de repousser les limites de production du pétrole. Pour maintenir pendant plusieurs décennies la production mondiale au niveau requis, il faudra en permanence trouver de nouveaux gisements et allonger au maximum la durée de vie des gisements existants par une exploitation optimisée. Le pétrole « technologique » va jouer un rôle croissant dans les années à venir.

Un recours accru à des technologies performantes va contribuer notamment à :

- rendre possibles de nouvelles découvertes, par l'utilisation de méthodes d'exploration de plus en plus élaborées, faisant appel notamment à des méthodes d'imagerie sismique du sous-sol ;
- améliorer le taux de récupération des hydrocarbures dans les gisements, en particulier par la mise en œuvre généralisée de méthodes de récupération assistée : injection d'eau et de gaz (récupération secondaire), injection de $CO_2$, de vapeur, de polymères ou de tensio-actifs (récupération tertiaire) ;
- augmenter les niveaux de production des puits pétroliers ; il existe actuellement des technologies qui permettent de réaliser des puits déviés, horizontaux ou même en « arêtes de poisson », pour mieux drainer les couches de pétrole.
- développer l'exploitation de pétrole en mer, notamment en mer profonde, ainsi que dans des zones jusqu'à présent peu explorées, telles que l'Arctique. Les progrès dans le domaine de la production en mer ont été spectaculaires : on produit du pétrole par des profondeurs d'eau atteignant ou dépassant 2 000 m. Il reste encore une marge de progression ; on estime que 40 % des réserves en offshore profond restant à découvrir se situent sous des tranches d'eau de 2 000 à 3 000 m et 30 % sous 3 000 à 4 000 m. Le volume global des réserves restant à découvrir en offshore profond et en Arctique est estimé à environ 100 Gb [77] ;
- mettre en production des bruts non conventionnels : huiles lourdes et extra-lourdes. Le potentiel d'exploitation de ces ressources est important et les perspectives dans ce domaine sont présentées dans le paragraphe suivant.

Ces différents moyens doivent être mobilisés rapidement. Cependant, le sursis gagné par la mise en œuvre de ces avancées technologiques ne doit surtout pas constituer un alibi pour différer les actions qui s'imposent, mais au contraire être mis à profit pour franchir le cap de la transition dans des conditions acceptables.

## Les huiles extra-lourdes et les schistes bitumineux

Les huiles extra-lourdes sont des pétroles bruts naturels peu enfouis, ayant subi une altération plus ou moins poussée (oxydation par les bactéries), de densité et de viscosité élevées. On les trouve en grandes quantités au Canada et au Venezuela.

Elles se présentent soit en couches situées à une profondeur comprise entre environ 600 et 1 000 m (ceinture bitumineuse de l'Orénoque au Venezuela), soit sous forme de sables asphaltiques affleurant en surface, notamment au Canada. Une partie des huiles lourdes peut être produite directement, lorsque le réservoir est situé à une profondeur et une température suffisantes pour permettre à l'huile de s'écouler et de circuler dans le puits de production. C'est le cas des huiles lourdes actuellement exploitées au Venezuela. Dans le cas contraire, ces huiles lourdes ne sont exploitables qu'en carrière à ciel ouvert ou par forage, en utilisant un procédé qui permet d'en abaisser la viscosité. La méthode la plus couramment employée consiste à injecter de la vapeur pour augmenter la température et réduire la viscosité. Ainsi, le procédé SAGD (*Steam Assisted Gravity Drainage*) consiste à injecter de la vapeur dans un puits foré sous la couche d'huile et à évacuer l'huile chauffée par un deuxième puits (production chaude) [79]. De tels procédés sont déjà utilisés et les coûts de production, qui peuvent être de moins de 20 $ US par baril, sont économiquement acceptables. Toutefois, ces procédés demandent beaucoup d'énergie, génèrent d'importantes émissions de $CO_2$ et exigent de grandes quantités de vapeur et donc d'eau douce. Pour exploiter les huiles extra-lourdes de façon acceptable, il faudra développer des technologies qui minimisent l'impact sur l'environnement et, en particulier, les émissions de $CO_2$.

Le Canada et le Venezuela produisent ainsi actuellement 1,8 million de barils par jour, soit 2 % de la production mondiale de pétrole. Dans le seul Canada, la production d'huiles lourdes à partir de sables asphaltiques par mines à ciel ouvert pourrait atteindre un million de barils par jour d'ici 2010 et 5 millions de barils par jour d'ici 2030.

En termes de ressources, les bruts extra-lourds représentent un potentiel considérable, de l'ordre de 330 Gt, avec un niveau voisin des ressources au Venezuela et au Canada. On estime qu'environ un quart de ces ressources, c'est-à-dire au total 82 Gt sont exploitables avec des technologies déjà connues [80].

Les schistes bitumineux sont des roches sédimentaires contenant une matière organique dont la transformation en pétrole est incomplète. Ces schistes peuvent être exploités par des technologies minières, mais leur exploitation pose des problèmes d'environnement importants : exploitation à ciel ouvert, dépense importante d'énergie pour extraire l'huile. Jusqu'à présent, cette exploitation ne s'est pas avérée compétitive, notamment par rapport à celle du charbon.

## Le gaz naturel

Le gaz naturel a connu au cours des années récentes un très rapide développement. Il est en particulier devenu un combustible de choix pour les électriciens, notamment pour des raisons environnementales (sa combustion par unité de puissance calorifique émet 50 % de moins de $CO_2$ que le charbon et 30 % de moins que le fioul), mais aussi de rendement ainsi que de souplesse d'utilisation. Les centrales à cycle combiné, associant à une turbine à gaz un cycle à vapeur fonctionnant avec la chaleur récupérée sur les gaz de combustion, atteignent des rendements très élevés, proches de 60 % et émettent peu de polluants atmosphériques. Compactes, rapides à construire et nécessitant un investissement relativement réduit, elles se sont développées rapidement.

Le gaz naturel est aussi utilisé pour le chauffage des bâtiments ainsi que comme combustible dans l'industrie. Stocké sous pression dans un réservoir, il peut même être utilisé comme carburant, sous le nom de GNV (Gaz Naturel Véhicule). Cette option représente un moyen de diversification des sources d'approvisionnement en carburants et, à condition d'être mise en œuvre avec un moteur adapté, conduit à d'excellents résultats sur le plan environnemental, que ce soit en termes d'émissions de polluants au niveau local ou d'émissions de $CO_2$.

La demande croissante en gaz naturel couplée à l'éloignement progressif des réserves par rapport aux zones de consommation s'est traduite par une progression rapide des échanges internationaux, de 6,8 %/an en moyenne sur les vingt dernières années, pour atteindre 845 milliards de $m^3$ en 2005 [84].

Le transport par gazoduc nécessite des infrastructures lourdes qui conduisent à une relation de dépendance entre le fournisseur et le consommateur. Cette dépendance mutuelle représente un facteur de stabilité, mais peut être jugée également comme une menace dans un contexte géopolitique incertain.

Au cours des dernières années, le transport du gaz naturel liquéfié (GNL) par navire méthanier s'est fortement développé. Les réductions de coûts déjà réalisées à tous les stades de cette chaîne de transport ainsi que la flexibilité accrue qu'elle amène par rapport au transport par gazoduc en font un vecteur majeur de croissance pour le commerce international de gaz naturel. Une progression des échanges par méthaniers de 7 % par an est prévue d'ici 2020. Le niveau des échanges pourrait atteindre environ 515 milliards de $m^3$ en assurant 38 % des flux gaziers internationaux à comparer à 22,3 % en 2005 [85]. Le développement du commerce international du GNL représente donc un facteur important de diversification des approvisionnements.

Lorsque la distance par rapport aux marchés est trop grande, le coût de transport peut devenir prohibitif et empêcher l'exploitation de certains gisements de gaz. La production de carburants de synthèse à partir du gaz naturel, qui se développe à l'heure actuelle, représente un nouveau débouché pour le gaz naturel et une alternative à l'exportation par gazoduc ou sous forme de GNL. Les perspectives dans ce domaine sont discutées dans la suite du chapitre.

La hausse récente du prix du gaz naturel, qui reste assez largement indexé sur le prix du pétrole et des produits pétroliers, entraîne des incertitudes quant au rythme de croissance de la demande. Les prévisions les plus récentes font état d'une hausse annuelle de l'ordre de 2 % en moyenne pour l'ensemble de la demande gazière au cours des deux prochaines décennies [85].

Les réserves de gaz naturel s'élèvent à 181 000 milliards de mètres cubes, soit environ 64 ans de consommation au rythme actuel. Compte tenu de l'équivalence : 1 000 mètres cubes de gaz = 0,9 tep (voir Tableau des équivalences en fin de volume), ceci représente environ 163 milliards de tep, soit un niveau très proche de celui des réserves de pétrole. Bien que cette situation soit plus favorable que dans le cas du pétrole (64 ans de réserves au rythme de consommation actuel à comparer à 40 ans), la croissance de la consommation peut faire craindre, en l'absence d'un renouvellement suffisant de ces réserves, un pic gazier d'ici 2050.

Contrairement à ce qui se passe pour le pétrole, le taux de récupération est, dans le cas du gaz naturel, par nature relativement élevé et il n'est guère possible de l'augmenter sensiblement.

Par contre, l'exploration du gaz est moins mature que celle du pétrole et les réserves de gaz naturel sont sans doute sous-estimées. Il existe encore un potentiel d'exploration important, le renouvellement des réserves gazières passant essentiellement par de nouvelles découvertes et l'exploitation de gaz non conventionnel.

Les ressources en gaz non conventionnel sont potentiellement très importantes. Cela concerne notamment le gaz présent dans des couches profondes, qui sont généralement de faible perméabilité (*tight gas*). Le gaz de houille est déjà largement exploité aux États-Unis et sa production pourrait être fortement accrue dans d'autres régions du monde.

De très grandes quantités de méthane sont également piégées sous forme d'hydrates. Les hydrates sont des composés solides qui se forment en présence d'eau, à une pression élevée ou une température relativement basse. Ils sont présents notamment dans les zones proches de l'Arctique, en Sibérie et au Canada. Des hydrates sont également piégés sous le fond des océans. Leur présence est rendue possible par les pressions élevées que créent les grandes profondeurs d'eau. Pour le moment, l'exploitation de ces hydrates reste très limitée, en raison des difficultés de production, liées d'une part à la nécessité de décomposer la phase solide et d'autre part à leur faible teneur en hydrocarbures, présents sous une forme souvent très dispersée.

Dans l'avenir, une hausse des prix pourrait relancer l'exploration et permettre d'accéder à de nouvelles réserves de gaz naturel. Dans ces conditions, il est largement prématuré de tabler sur un déclin du gaz naturel par manque de réserves.

Les avantages du gaz naturel sur le plan de l'environnement sont considérables, tant au niveau local qu'au niveau global, compte tenu d'un niveau d'émissions de $CO_2$ beaucoup plus réduit que dans le cas du charbon. Il s'agit donc d'une énergie bien adaptée à la période de transition, surtout avant la mise en place effective des technologies de captage et stockage de $CO_2$, qui seront nécessaires à l'utilisation propre du charbon.

## Le retour du charbon

En raison de l'importance des réserves de charbon et de leur répartition géographique mondiale plus favorable pour la plupart des grands pays consommateurs que celle des réserves d'hydrocarbures, une forte progression de la production d'électricité à partir de charbon est prévue dans le monde, notamment aux États-Unis, en Inde et en Chine [86].

Les réserves de charbon sont en effet considérables : les réserves prouvées atteignent 900 milliards de tonnes, représentant 160 années de consommation courante (pour 2005). Les ressources s'élèvent quant à elles à 3 700 milliards de tonnes. À l'heure actuelle, les réserves n'apparaissent donc pas comme un facteur limitant pour le développement du charbon. Il faut toutefois noter que les informations concernant les réserves sont souvent de mauvaise qualité. En particulier, certains pays comme la Chine n'ont pas revu leurs données de réserves depuis de nombreuses années, malgré des niveaux de production élevés.

Le charbon se présente sous différentes formes qui se sont constituées à des périodes géologiques plus ou moins anciennes. Les variétés les plus anciennes et de meilleure qualité sont la houille et l'anthracite. Les variétés les plus récentes, dont le pouvoir calorifique est le plus faible, sont la lignite et la tourbe ; cette dernière constitue un combustible très médiocre. La production est surtout concentrée dans les pays où l'exploitation est réalisée à faible coût, dans des mines à ciel ouvert ou à faible profondeur avec des réserves importantes. L'exploitation de charbon de très bonne qualité entraîne progressivement une diminution de la qualité des réserves qui subsistent. La production européenne, qui, pour l'essentiel, doit être menée dans des mines profondes, est en fort déclin.

L'évolution récente du prix du pétrole, qui a entraîné une hausse importante du prix du gaz naturel, a favorisé le charbon, dont le prix s'est établi à un niveau de prix sensiblement plus bas que celui des autres énergies fossiles, comme cela apparaît sur la figure 7.4 (environ 170 $/tep, à comparer à 360 $/tep pour le gaz naturel et 730 $/tep pour le pétrole à fin 2007).

En Chine, la progression rapide des besoins a conduit à la mise en place d'un plan extrêmement ambitieux de renouvellement et de croissance du parc de centrales électriques dans les années à venir (équivalant à 1 GW[1] de puissance supplémentaire installée chaque semaine pendant 20 ans). La puissance supplémentaire installée en Chine a été de 50 GW en 2004, 70 en 2005 et 102 en 2004. La Chine s'oriente vers une puissance électrique installée de 1 200 à 1 300 GW à l'horizon 2030 [87].

1. À titre de comparaison, la puissance d'une tranche nucléaire est typiquement de 1,3 GW (1 300 MW).

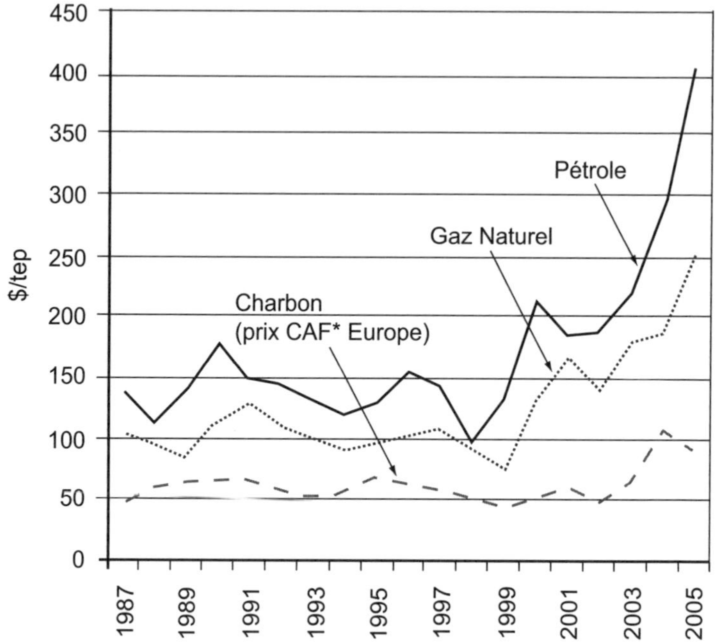


* CAF : Cost, Assurance and Freight (coût comprenant assurances et transport)

**Figure 7.4 :** Évolution comparée des prix du pétrole, du gaz naturel et du charbon (*Source* : ATIC Services)

La consommation mondiale de charbon pour la production d'électricité pourrait ainsi passer de 1 500 Mtep en 2000 à 2 500 Mtep en 2030. Le charbon assure près de 40 % de la production d'électricité, qui en consomme les deux tiers.

En outre, si dans l'avenir il devient difficile de satisfaire la demande en carburants à partir des seuls approvisionnements pétroliers, la production de carburants liquides à partir de charbon connaîtra certainement un large développement. Une telle transformation est malheureusement pénalisante au niveau des rendements : il faut environ 2,5 tep de charbon pour remplacer une tep de pétrole dans la fabrication de carburants. Elle entraîne donc des émissions élevées de $CO_2$. La production de carburants de synthèse, qui peut également être réalisée à partir de gaz naturel ou de biomasse, est discutée dans le paragraphe suivant.

La croissance de la consommation de charbon pose de nombreux problèmes sur le plan de la protection de l'environnement, au niveau local (émissions de SOx, de NOx, de particules solides, de mercure, etc.) ainsi qu'au niveau global, compte tenu de l'augmentation des émissions de $CO_2$ qu'elle entraîne. Cette situation est particulièrement problématique en Chine, où le charbon assure 77 % de la production d'électricité, et en Inde, où il en assure 70 %.

Si le retour du charbon se confirme, il va entraîner un accroissement significatif des émissions de $CO_2$. Les émissions de $CO_2$ par kWh électrique produit à partir de charbon sont de deux à trois fois plus élevées que dans le cas du gaz naturel. Deux facteurs se conjuguent : un rendement plus faible et un niveau d'émission de $CO_2$ par unité d'énergie produite plus élevé [88].

Dans l'avenir, pour répondre aux risques de changement climatique, il sera donc nécessaire de limiter les usages du charbon et de mettre en œuvre les technologies de captage et de stockage de $CO_2$ dans la majorité de ses applications. Les quantités totales de carbone présentes dans le sous-sol sous forme de charbon sont beaucoup trop importantes pour être émises dans l'atmosphère sous forme de $CO_2$ [89].

Même si le charbon a certainement un rôle à jouer dans le *mix* énergétique, il représente une menace réelle du point de vue du changement climatique, que ce soit en production d'électricité ou en production de carburants de synthèse.

De ce point de vue, il n'est pas souhaitable que le charbon vienne se substituer au gaz naturel si son utilisation s'effectue sans la mise en œuvre des technologies de captage et stockage de $CO_2$ présentées dans le chapitre suivant. Toutefois, le déploiement de ces technologies ne sera pas immédiat et les risques demeurent élevés.

## Les carburants de synthèse

Les carburants liquides sont actuellement produits en quasi-totalité à partir de pétrole brut par la voie du raffinage. Cette dépendance vis-à-vis du pétrole brut pourrait être réduite dans l'avenir par un recours accru aux carburants de synthèse et aux biocarburants.

Différentes matières premières (gaz naturel, charbon mais aussi biomasse par la voie dite BTL présentée dans le chapitre 6) peuvent être utilisées. Les carburants liquides sont obtenus à l'issue d'une étape de synthèse chimique à partir d'un mélange d'oxyde de carbone (CO) et d'hydrogène, ce gaz de synthèse étant produit à partir de la matière première de départ par une transformation thermochimique.

La voie actuellement privilégiée est celle de la synthèse Fischer-Tropsch, du nom des chimistes allemands qui ont été les premiers à initier une telle production au cours de la Seconde Guerre mondiale, pour réduire la dépendance de l'Allemagne vis-à-vis du pétrole. Elle permet d'obtenir des hydrocarbures à longue chaîne, qui sont transformés en gazole et kérosène pour l'aviation et présentent d'excellentes qualités comme carburants. Les carburants de synthèse ont été également produits à grande échelle en Afrique du Sud, pour répondre à l'embargo qui visait ce pays. Les premières unités réalisées, tant en Allemagne qu'en Afrique du Sud, utilisaient le charbon comme matière première. En 1991, l'Afrique du Sud s'est équipée d'une unité produisant des carburants de synthèse à partir de gaz naturel et, aujourd'hui, l'Afrique du Sud est le premier producteur mondial de carburants de synthèse, avec une capacité de près de 200 000 barils par jour, en incluant les unités alimentées par du charbon.

D'autres acteurs ont développé des technologies dans ce domaine et la production de carburants liquides à partir de gaz naturel (filière dite GTL, pour *Gas To Liquids*) est apparue comme une option intéressante pour valoriser des quantités importantes de gaz naturel situées à de grandes distances des pays consommateurs. Le début des années 2000 a marqué un tournant, avec l'annonce de grands projets au Qatar, à partir du gisement de gaz naturel du North Dome, qui est le plus grand gisement de gaz naturel au monde. Le projet Oryx GTL a été engagé avec la participation de Qatar Petroleum, du sud-africain Sasol et de l'américain Chevron. Une première unité de 34 000 barils par jour (soit environ 1,7 Mt/an) a été réalisée et a démarré en 2006. D'autres projets, en cours d'examen, représentent pour le seul Qatar une capacité de l'ordre de 800 000 barils par jour (soit environ 40 Mt/an). Les investissements nécessaires sont très élevés : plus de 900 millions de dollars pour l'unité de 34 000 barils par jour réalisée par Oryx GTL, 1,3 milliard pour une unité comparable réalisée au Nigeria.

La hausse récente du prix du gaz naturel ainsi qu'une tendance générale à l'augmentation des coûts des matériaux et des unités industrielles ont contribué à ralentir ce mouvement. Néanmoins, la progression de la demande en carburants devrait conduire à de nouvelles réalisations dans ce domaine.

À terme, si le prix du pétrole reste durablement élevé, la production de carburants de synthèse à partir de charbon (filière CTL, pour *Coal To Liquids*) va également se développer.

La Chine s'est fortement engagée dans cette voie. La plus grande compagnie minière du pays, Shenhua, a prévu de produire vers 2020, 30 millions de tonnes par an (soit environ 630 000 barils par jour) de carburants de synthèse à partir de charbon. D'autres projets sont en cours d'examen et, si tous ces projets se réalisent, la Chine produirait d'ici 15 ans plus de 70 millions de tonnes de carburants à partir de 210 millions de tonnes de charbon [87].

La production de carburants de synthèse conduit à des émissions relativement importantes de $CO_2$, surtout lorsqu'elle est effectuée à partir de charbon. Dans une filière CTL, près de la moitié du carbone contenu dans le charbon utilisé s'échappe vers l'atmosphère sous forme de $CO_2$, l'autre moitié demeurant dans le carburant liquide produit. Les unités de production de carburants de synthèse risquent ainsi dans le futur de se retrouver parmi les plus gros émetteurs industriels de $CO_2$, sauf si le $CO_2$ produit est capté et stocké, ce qui est envisageable pour des unités de très grande capacité telles que celles prévues actuellement.

Un développement massif de la production de carburants de synthèse à partir de charbon risque donc d'aggraver encore la situation en termes d'émissions de $CO_2$ et le développement d'une telle option doit être lié à la mise en œuvre effective du captage et du stockage de $CO_2$.

## Assurer le relais nécessaire

Comme nous l'avons vu, il ne sera pas possible de se passer immédiatement des combustibles fossiles. Il est donc nécessaire de les exploiter de manière à pouvoir assurer la transition énergétique avec succès.

Dans le cas du pétrole, il s'agit d'éviter les ruptures d'approvisionnement, en exploitant mieux les gisements existants et en diversifiant les sources d'approvisionnement futures.

Le gaz naturel apparaît comme une source d'énergie particulièrement bien adaptée à la période de transition. Elle vient compléter les approvisionnements pétroliers, tout en représentant parmi les combustibles fossiles la source d'énergie la plus favorable pour l'environnement, tant au niveau local qu'au niveau global.

Le charbon effectue un retour remarqué. Un retour trop rapide constituerait un grave danger pour l'environnement, en raison de l'augmentation des émissions de $CO_2$ qu'il risque d'entraîner. Le recours au charbon doit impérativement s'accompagner de la mise en œuvre du captage et du stockage de $CO_2$ pour toutes les installations de forte puissance, et notamment les centrales électriques.

Les développements technologiques à venir doivent donc permettre d'assurer, au cours de la période de transition, le relais nécessaire en ce qui concerne la fourniture d'énergie, tout en respectant une contrainte carbone de plus en plus stricte.

## Les actions de recherche à entreprendre...

### ... pour maîtriser les approvisionnements en énergies fossiles

*Techniques d'exploration pétrolière et gazière*

- Modélisation de bassins et méthodes géochimiques
- Méthodes sismiques à haute résolution
- Autres méthodes physiques

*Amélioration du taux de récupération de pétrole*

- Modélisation et optimisation des conditions de production
- Amélioration des architectures de production
- Procédés de récupération secondaire et tertiaire

*Production d'hydrocarbures en mer*

- Technologies adaptées à l'offshore profond
- Systèmes sous-marins de production

*Production de bruts extra-lourds*

- Développement de procédés de production respectueux de l'environnement
- Production chaude avec faibles émissions de $CO_2$

*Nouveaux développements dans le domaine du gaz naturel*

- Amélioration des techniques d'exploration en vue de la découverte de nouvelles ressources gazières : gaz profond, gaz non conventionnel
- Liquéfaction et conversion chimique en mer

- Exploitation de gaz non conventionnel (gaz de houille, hydrates, gaz dissous en aquifères, gisements à faible perméabilité)
- Nouvelles techniques de transport (transport par gazoducs et méthaniers)

*Charbon propre*

- Technologies de «charbon propre» – Traitement des fumées
- Technologies de gazéification
- Centrales à haut rendement
- Production d'électricité avec captage et stockage du $CO_2$

*Production de carburants de synthèse*

- Procédés de production du gaz de synthèse
- Filières de production à partir de gaz naturel et de charbon
- Production avec captage et stockage de $CO_2$

# 8 Capter et stocker le $CO_2$

## Les options étudiées

Le recours, même partiel, aux énergies fossiles est inévitable au cours de la période de transition. Ce recours implique la mise en œuvre des technologies de captage et de stockage de $CO_2$ pour limiter les émissions de gaz à effet de serre, notamment dans le cas du charbon, dont l'utilisation est très pénalisante.

En effet, le changement climatique nécessite des mesures urgentes. Or, la décroissance de la part des énergies fossiles dans le *mix* énergétique mondial ne sera pas suffisamment rapide pour ramener d'ici 2050 les émissions mondiales de $CO_2$ au niveau requis. Pour boucler le bilan carbone, il sera impératif de capter et stocker une partie du $CO_2$ provenant des combustibles fossiles.

Pour éviter d'émettre dans l'atmosphère le $CO_2$ produit par combustion, plusieurs moyens sont envisageables.

Le premier d'entre eux consiste à réaliser des puits de carbone naturels en produisant de la biomasse, en particulier des forêts ; la biomasse absorbe le $CO_2$ et, par photosynthèse, fixe le carbone en libérant l'oxygène. Les puits de carbone sont présentés dans le paragraphe suivant.

Les autres moyens visent à créer des puits de carbone artificiels. Le $CO_2$ résultant de la combustion est d'abord capté puis transporté sur un site de stockage.

À ce niveau, plusieurs options sont aujourd'hui étudiées :

- Stocker le $CO_2$ dans le sous-sol : c'est la principale option considérée actuellement. Il s'agit dans ce cas d'un *stockage géologique*.

- Stocker le $CO_2$ au fond des océans : ce *stockage dans les océans* comporte différents risques ; de ce fait, cette option est le plus souvent écartée, car n'offrant pas suffisamment de garanties.
- Faire réagir le $CO_2$ avec une roche basique, soit après broyage, sous forme de déblais (*minéralisation ex situ*), soit au sein du milieu naturel (*minéralisation in situ*).
- Par réaction chimique, obtenir un produit ou un matériau utilisable. Le carbone est dans ce cas *recyclé.*

Ces différentes options vont être examinées dans la suite du chapitre. Alors qu'elles semblaient prospectives et relativement lointaines il y a quelques années, elles sont à présent, au moins pour certaines, devenues une réalité industrielle.

## Les puits de carbone

Au sens large, un **puits de carbone** est un réservoir naturel capable d'absorber le $CO_2$. Les principaux puits naturels sont aujourd'hui les océans et les forêts, la photosynthèse étant le principal mécanisme de séquestration du carbone. Les échanges de $CO_2$ entre l'atmosphère, la végétation et les océans sont considérables :

- 60 Gt de carbone sont échangés chaque année entre végétation et atmosphère.
- 90 Gt entre océan de surface et atmosphère.
- 40 à 50 Gt entre océan de surface et biomasse marine.

La quantité de carbone émise chaque année dans l'atmosphère du fait de la consommation d'énergies fossiles, soit 7 Gt/an, peut paraître relativement faible par rapport à ces échanges. Le problème, c'est qu'elle vient perturber un fragile équilibre, entraînant de ce fait la dérive de la teneur en $CO_2$ dans l'atmosphère.

Une des premières options envisagées pour capter et stocker le $CO_2$ consiste à réaliser des « puits de carbone » en produisant de la biomasse, par exemple en plantant des forêts, dont la croissance va permettre d'absorber du carbone présent dans l'atmosphère. Il faut pour cela replanter des surfaces importantes. La biomasse produite peut représenter de l'ordre de 10 tonnes de carbone capté par hectare et par an, c'est-à-dire l'équivalent de 37 tonnes de $CO_2$. La réalisation effective de tels *puits de carbone* est devenue une réalité économique avec le Protocole de Kyoto, qui permet de les prendre en compte dans le mécanisme des marchés d'émissions.

Il faut cependant souligner que les possibilités de stockage ainsi dégagées sont limitées, car il faut disposer de surfaces considérables (généralement non disponibles sur un territoire peuplé). En outre, il est nécessaire d'assurer une gestion rigoureuse de la surface plantée, pour aboutir à un bilan favorable. En effet, les forêts ne sont des puits qu'en période de croissance. Un manque d'entretien des surfaces, ou encore pire la déforestation à un stade ultérieur, conduisent à un bilan négatif.

Il faut aussi noter que la production de biomasse n'a pas obligatoirement que des effets positifs : l'agriculture et l'élevage ont une incidence négative sur l'effet de serre en raison des émissions de $CO_2$ liées au machinisme agricole, mais aussi des rejets de méthane provenant notamment de la digestion des ruminants et de protoxyde d'azote résultant de l'utilisation d'engrais azotés.

## Le captage et le transport de $CO_2$

Le captage et le transport jusqu'à un site de stockage géologique du $CO_2$ visent à réaliser des puits de carbone artificiels, puisqu'ils consistent à piéger de larges quantités de $CO_2$, de préférence dans le sous-sol.

Cette filière est largement étudiée depuis quelques années au niveau international, et notamment en Europe, aux États-Unis et au Japon. Le principe en est le suivant : il s'agit de capter le $CO_2$ provenant d'une source importante d'émissions (fumées industrielles, ou gaz naturel brut riche en $CO_2$ en sortie de gisement), de le concentrer et de le comprimer, puis de le transporter vers un site géologique adéquat pour son stockage [90, 91, 92].

Le captage de $CO_2$ à partir de fumées de combustion peut être effectué en faisant appel à des techniques connues. On utilise des solvants pour laver les fumées et, en particulier, des amines telles que la MEA (monoéthanolamine), employées depuis longtemps pour le traitement de gaz naturel. Le solvant capte le $CO_2$ au contact des fumées dans une colonne industrielle de grande hauteur. Le $CO_2$ capté est ensuite séparé du solvant par chauffage dans une colonne de distillation. Le solvant est alors recyclé et le $CO_2$ traité pour expédition vers son site de stockage.

Dans le cas d'installations existantes, le lavage des fumées est réalisé « *en postcombustion* », c'est-à-dire après la transformation du combustible en énergie utilisable. Cette option présente l'avantage d'être directement applicable, sans transformation complète de l'installation, à condition toutefois qu'une place suffisante soit disponible, compte tenu de l'encombrement des équipements nécessaires.

Ces équipements doivent cependant opérer dans des conditions peu favorables : grands volumes de fumées à faible pression et diluées en $CO_2$. Encombrants, ils sont aussi coûteux et consommateurs d'énergie, ce qui peut conduire dans certains cas à doubler pratiquement la consommation d'énergie de l'installation existante.

C'est pourquoi, dans le cas de nouvelles installations, d'autres options sont également considérées : la première est de capter le $CO_2$ avant la combustion (en transformant le combustible initial en un combustible propre : captage « *en précombustion* »), la seconde consiste à réaliser la combustion sous atmosphère riche en oxygène pour obtenir des fumées concentrées (captage « *en oxycombustion* »).

Dans le premier cas (captage en précombustion), le combustible initial est d'abord converti en gaz de synthèse, constitué d'un mélange d'oxyde de carbone (CO) et d'hydrogène, soit par vaporéformage à partir de gaz naturel en présence d'eau, soit par oxydation partielle en présence d'oxygène, à partir de charbon ou de biomasse. Le CO présent dans le mélange réagit ensuite avec de l'eau au cours de l'étape dite de *shift-conversion* pour former du $CO_2$ et de l'hydrogène. Le $CO_2$ est alors séparé de l'hydrogène dans de bonnes conditions, c'est-à-dire sous pression et avec des niveaux de concentration relativement élevés. L'hydrogène peut être ensuite utilisé pour produire de l'énergie (électricité et/ou chaleur) sans émission de $CO_2$.

Cette option est à la base du projet *FutureGen* lancé aux États-Unis. Ce projet pour lequel un budget d'un milliard de dollars a été annoncé comporte la réalisation d'une installation de démonstration de 275 MW électriques, qui devrait être opérationnelle d'ici 2012. En Europe, un projet comparable, le projet *HypoGen* est également à l'étude.

L'oxycombustion, réalisée en présence d'une atmosphère très appauvrie en azote, permet d'obtenir des gaz de combustion concentrés en $CO_2$. Celui-ci est ensuite facilement séparé de la vapeur d'eau avec laquelle il est mélangé. Cette technique est d'ores et déjà opérationnelle et des pilotes industriels vont être réalisés à des niveaux de puissance de l'ordre de 30 MW thermiques, en Allemagne (opération menée par le producteur suédois d'électricité Vattenfall) et en France par Total, le $CO_2$ capté sur le site de Lacq étant injecté dans l'ancien gisement de Rousse, à 30 km de là. L'oxygène utilisé est actuellement produit par distillation d'air à basse température. De nouvelles options sont étudiées pour transférer directement l'oxygène à la zone de combustion, notamment en faisant circuler une phase solide qui capte l'oxygène de l'air puis le restitue à la zone de combustion (« boucle chimique » ou « chemical looping » selon la terminologie anglaise fréquemment utilisée).

Après son captage, le $CO_2$ est généralement transporté par conduite sous forme gazeuse. Le transport sous forme gazeuse en conditions supercritiques[1] permet d'éviter tout risque d'apparition d'une phase liquide qui pourrait nuire au bon écoulement du fluide dans la conduite. Le transport par citernes (route, rail ou mer) du $CO_2$

1. Au-dessus d'une certaine pression, dite pression critique dans le cas d'un corps pur, il n'est plus possible par abaissement de la température d'obtenir deux phases, dont une phase liquide et une phase gazeuse (vapeur).

est possible, mais compte tenu des débits mis en jeu, l'option gazoduc est privilégiée. Les États-Unis disposent d'un réseau de transport du $CO_2$ par gazoduc destiné à la récupération assistée du pétrole. Ainsi, dans l'Ouest du Texas, on injecte du $CO_2$ provenant de stockages naturels au Nouveau-Mexique et au Colorado. Environ 22 millions de tonnes de $CO_2$ par an sont transportées à travers un réseau de 3 980 km de gazoducs vers des gisements d'hydrocarbures pour réaliser des opérations de récupération assistée de pétrole.

Le transport par gazoduc du $CO_2$ est une technologie commerciale établie et le développement de réseaux de collecte et de transport dans le monde ne devrait pas présenter de difficultés techniques particulières. De plus, le $CO_2$ est un gaz stable, peu toxique au moins tant qu'il est suffisamment dilué dans l'atmosphère, et non explosif. À ce titre, il est moins dangereux que le gaz naturel, dont la logistique de transport et de distribution est bien maîtrisée depuis longtemps. La réalisation d'un réseau de gazoducs à travers des zones habitées pose néanmoins des problèmes d'acceptation sociale souvent délicats à régler.

## Le stockage géologique du $CO_2$

La durée pendant laquelle il est nécessaire de stocker le $CO_2$ est certes longue mais pas illimitée. Elle doit être au minimum de un à deux siècles, pour couvrir la période pendant laquelle le problème des émissions de $CO_2$ risque de demeurer critique. Au-delà de cette période, les ressources fossiles seront partiellement épuisées et leur consommation significativement réduite par rapport à aujourd'hui ; le stockage pourrait alors même constituer une source de carbone, dont le recyclage est envisageable à condition de faire appel à une énergie à bas contenu en carbone. Par mesure de précaution, on envisage des solutions qui permettent d'effectuer ce stockage sur une période atteignant un millier, voire plusieurs milliers d'années.

Le stockage au fond des océans, qui fait partie des options envisagées, présente deux inconvénients majeurs : d'une part, le devenir à long terme d'un tel stockage demeure difficile à modéliser ; d'autre part, on connaît mal l'impact d'une augmentation de la concentration en $CO_2$ sur les écosystèmes marins. Une accumulation de $CO_2$ risque de conduire à une acidification dangereuse des océans. Par ailleurs, en cas de déstabilisation du stockage, l'émission de $CO_2$ pourrait être massive. Pour toutes ces raisons, cette option n'est pas retenue par l'Union Européenne.

Le stockage géologique dans le sous-sol constitue donc la solution généralement préférée. Les nombreux gisements naturels souterrains de $CO_2$, qui existent un peu partout dans le monde, montrent qu'il s'agit d'une option réaliste et potentiellement sûre. Le principe général mis en œuvre pour un tel stockage consiste à utiliser le fait que les roches sédimentaires sont en général poreuses. Le grès, constitué de particules de sable agglomérées, en est un bon exemple. L'espace poreux contenu dans ces roches est le plus souvent occupé par de l'eau salée (aquifère salin). Pour stocker le $CO_2$, on l'injecte dans une telle roche par un puits, en remplissant le volume poreux qu'elle contient, tout en chassant l'eau présente au départ. Pour qu'une couche poreuse puisse former un réservoir, elle doit être surmontée par une couche imperméable, dite couche de couverture, par exemple une couche argileuse.

Les principales options possibles de stockage souterrain de $CO_2$ sont illustrées sur le schéma de la figure 8.1. Le $CO_2$ capté peut être stocké dans les gisements épuisés de pétrole et de gaz naturel, les aquifères salins profonds ainsi que les veines de houille non exploitées.

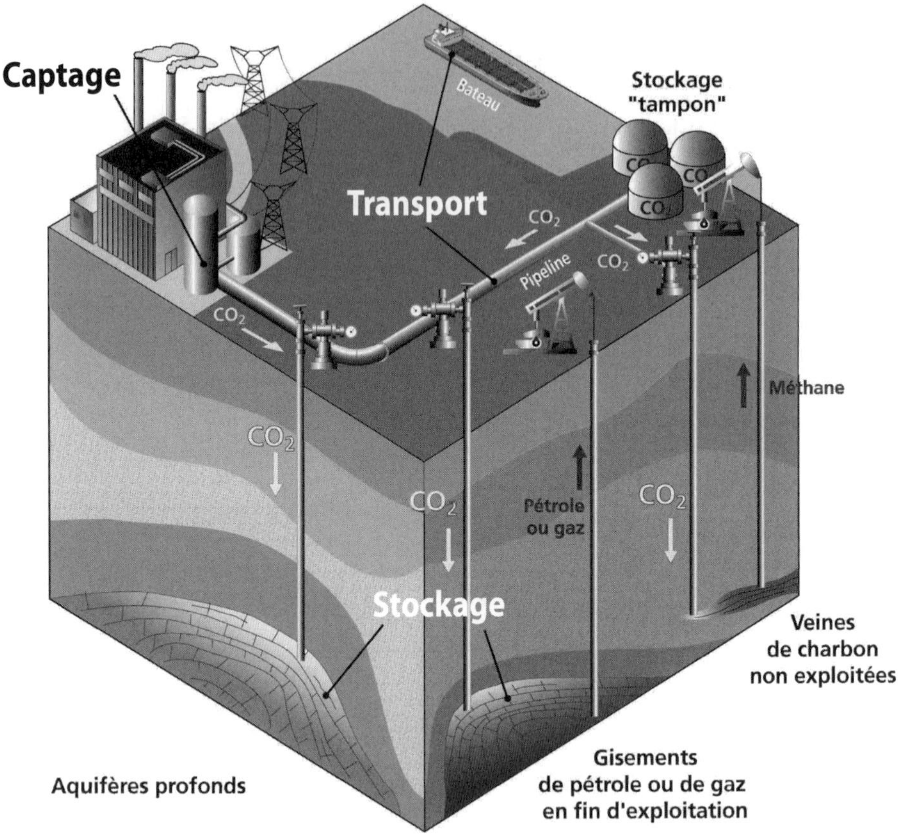


**Figure 8.1 :** Le captage et les modes de stockage du $CO_2$ dans le sous-sol (*Source* : IFP – ADEME – BRGM [90])

- **Stockage dans des gisements de pétrole et de gaz épuisés**

Cette option est particulièrement intéressante, car elle fait appel à des technologies maîtrisées, utilisées dans des couches géologiques déjà connues. L'injection de $CO_2$ dans des gisements de pétrole est déjà mise à profit pour en améliorer le taux de récupération. Si le $CO_2$ commence à être injecté avant que le gisement soit épuisé, notamment dans un but de récupération assistée, il est évidemment essentiel que le $CO_2$ dissous dans les effluents de production soit séparé pour être ensuite réinjecté dans le gisement.

La récupération assistée consomme dès à présent 32 millions de tonnes de $CO_2$ aux États-Unis. Elle assure une valorisation supplémentaire au $CO_2$ injecté et représente donc l'option qui se développera le plus rapidement dans les années à venir.

Par ailleurs, le $CO_2$ est stocké dans ce cas dans des structures géologiques qui ont constitué des pièges à hydrocarbures pendant plusieurs millions d'années : le confinement naturel qu'elles offrent est certainement l'un des aspects les plus attractifs de cette solution.

- **Stockage dans les aquifères salins profonds**

Les aquifères salins profonds présentent le plus gros potentiel en termes de capacité de stockage de $CO_2$ et sont largement distribués sur la planète. Ces aquifères se situent à des profondeurs comprises entre 1 000 et 3 000 m. Ce sont des formations totalement différentes des nappes phréatiques dont on connaît l'importance comme réservoirs d'eau potable. Leur profondeur et leur contenu élevé en sel les rendent tout à fait impropres à toute utilisation en tant que ressources en eau potable ou en eau d'irrigation.

Les aquifères fermés ont une configuration identique aux gisements d'hydrocarbures et offrent de bonnes garanties de confinement tant vertical que latéral. C'est dans ce type d'aquifères que l'on réalise déjà aujourd'hui des stockages de gaz naturel. Une telle option est très sûre, mais offre des capacités limitées.

Les aquifères ouverts ont une structure plane ou peu inclinée. Du fait de leur absence de confinement latéral, le $CO_2$ peut migrer. Cependant, la faible vitesse d'écoulement qu'ils autorisent et leur taille importante limitent la dispersion effective du $CO_2$. Leur exploitation suppose néanmoins la présence d'une couverture de qualité suffisante pour prévenir toute migration verticale. Le mécanisme principal de piégeage est ici la dissolution du gaz dans l'eau qui, par un effet d'alourdissement, entraîne le $CO_2$ vers le bas de l'aquifère.

À plus long terme, on assiste à une minéralisation du $CO_2$, rendant ce type de piégeage de plus en plus sûr. Ces différentes phases se produisent également dans le cas d'un stockage en réservoir pétrolier. La principale difficulté réside dans le peu de connaissance des aquifères profonds, qui, n'offrant aucune ressource particulière, n'ont quasiment pas été étudiés. Un effort de caractérisation important est aujourd'hui lancé et devra être poursuivi afin de qualifier de tels sites pour le stockage géologique du $CO_2$.

- **Stockage dans les veines de houille non exploitées**

Le stockage dans les veines de houille non exploitées vise à tirer profit de la capacité du charbon à adsorber le $CO_2$ préférentiellement au méthane (grisou) qu'il contient initialement. C'est un mécanisme de piégeage qui, en permettant de récupérer le méthane, offre un attrait économique supplémentaire à l'opération. La perméabilité très faible de ce type de formation limite cependant l'injectivité et donc le volume de $CO_2$ qu'il est possible de stocker annuellement. La solution est réservée aux veines non exploitées pour éviter toute remontée ou fuite de $CO_2$ à travers les galeries.

- **Les capacités potentielles de stockage**

Le tableau 8.1 présente le potentiel de stockage de $CO_2$ dans différentes structures géologiques (données AIE). Malgré l'imprécision des estimations actuelles, on observe que le potentiel de stockage est en principe tout à fait à la mesure des quantités de $CO_2$ émises.

**Tableau 8.1**

Capacité potentielle de stockage pour différents modes de stockage

| Options de stockage | Capacité totale | |
|---|---|---|
| | Gt $CO_2$ | Part des émissions cumulées en 2050 (%) |
| Gisements d'hydrocarbures épuisés | 920 | 45 |
| Aquifères profonds | 400 – 10 000 | 20 – 500 |
| Veines de houille inexploitées | 40 | 2 |

L'inventaire des possibilités effectives de stockage géologique à l'échelle mondiale doit être poursuivi pour pouvoir mieux évaluer la capacité totale de stockage de $CO_2$.

## Les applications du captage et stockage de $CO_2$

Le captage et stockage de $CO_2$ peut être appliqué aux émissions concentrées de $CO_2$ provenant d'installations industrielles fortement émettrices.

La principale application concerne les centrales thermiques utilisant des combustibles fossiles, qui émettent actuellement environ 40 % des émissions totales de $CO_2$ dans le monde.

Les centrales thermiques au charbon sont les premières concernées. Une première façon de réduire leurs émissions consiste à améliorer leur rendement en augmentant la température maximale du cycle à vapeur, ce qui implique des progrès dans le domaine des matériaux utilisés. Le rendement de la plupart des centrales existantes ne dépasse pas 40 %. Dans les années à venir, il devrait être possible de se rapprocher d'un rendement de 50 % au moyen de cycles ultra-supercritiques[2]. Les émissions de $CO_2$ par kWh produit sont inverse-

2. Il s'agit de cycles dans lesquels la vapeur atteint des températures de l'ordre de 700 °C largement supérieures à la température critique de l'eau (374 °C), ce qui implique l'utilisation de matériaux adaptés.

ment proportionnelles au rendement et il s'agit donc de la première action à engager.

Le captage et le stockage géologique de $CO_2$ représentent néanmoins le principal moyen de réduire fortement ces émissions dans l'avenir. Pour y arriver, il faut toutefois surmonter des obstacles techniques, mais aussi économiques. En effet, dans le cas du charbon, les émissions de $CO_2$, par MWh produit, sont de l'ordre de 600 kg pour un rendement de 50 % et 800 kg pour un rendement de 40 %. Ceci est à comparer à environ 300 kg pour un cycle combiné au gaz naturel, avec un rendement proche de 60 %. Avec un coût de $CO_2$ évité par captage-stockage de 50 € par tonne et un rendement de 40 %, on arrive, dans le cas du charbon, à un surcoût de 40 € par MWh produit, soit un quasi-doublement du coût de revient.

Il est prévu que le captage et le stockage de $CO_2$ deviennent opérationnels sur les centrales thermiques vers 2020. D'ici là, dans un premier temps, les principales applications vont être associées à des opérations de récupération assistée de pétrole, le $CO_2$ provenant en majeure partie d'installations de traitement de gaz naturel.

Puis, au-delà de 2020, on devrait voir se multiplier les projets impliquant la récupération de $CO_2$ sur fumées et l'injection de $CO_2$ dans des aquifères profonds.

D'autres industries fortement émettrices de $CO_2$ sont également concernées. La production d'une tonne d'acier génère en moyenne 1,8 tonne de $CO_2$, celle d'une tonne de ciment 0,9 tonne de $CO_2$. Dans l'avenir, la production de carburants de synthèse à partir de charbon pourrait devenir une autre source importante d'émission de $CO_2$.

À terme, le captage-stockage pourrait permettre d'éviter de 6 à 7 Gt de $CO_2$ émis par an. Ainsi, l'AIE évalue à 6,4 Gt /an la quantité de $CO_2$ évitée grâce à la mise en œuvre du captage-stockage en 2050, dont 3,8 Gt/an dans le secteur de la génération d'électricité, 1 Gt/an sur les installations de production de carburants de synthèse et 1,6 Gt/an dans les autres secteurs industriels [18].

Le captage et le stockage géologique de $CO_2$ vont donc constituer à terme une voie importante de réduction des émissions de $CO_2$.

Cependant, pour que la filière du captage et stockage géologique de $CO_2$ puisse s'appliquer, il faudra qu'elle soit intégrée dans le marché européen des permis d'émissions négociables (ETS). Cette question est en cours d'examen au sein des différentes instances concernées, notamment dans le cadre des Nations-Unies (United Nations Framework on Climate Change – UNFCC) et de la Commission Européenne. On devrait ainsi aboutir prochainement à la prise en compte du captage-stockage dans les mécanismes de l'ETS.

Un autre point essentiel à régler concerne la compétitivité d'une industrie qui serait confrontée à des concurrents non soumis aux mêmes contraintes de réduction des émissions de $CO_2$. En effet, compte tenu du coût relativement élevé du captage et stockage de $CO_2$, ceci pourrait conduire à une délocalisation complète d'industries telles que la sidérurgie vers des pays qui n'imposent pas les mêmes règles. Un tel résultat serait bien sûr complètement opposé au but recherché. Il est donc nécessaire d'étudier et de négocier au niveau international des mécanismes qui permettraient d'éviter de telles distorsions de concurrence.

## Les opérations de stockage géologique dans le monde

Différentes opérations de stockage du $CO_2$ ont déjà été réalisées ou sont en cours de montage.

On peut citer notamment l'opération du champ de Sleipner, en mer du Nord, où depuis près de 10 ans la compagnie norvégienne Statoil capte un million de tonnes de $CO_2$ par an issu du traitement de gaz naturel et le réinjecte dans un aquifère salin à 1 000 m de profondeur sous le plancher océanique. Au Canada, une opération pilote combinant stockage de $CO_2$ et récupération assistée de pétrole a été réalisée sur le site de Weyburn. Le $CO_2$ injecté provient d'un site industriel de gazéification du charbon situé aux États-Unis, d'où sont amenées 5 000 tonnes par jour de $CO_2$ à travers une conduite de 330 km. Des opérations d'injection de $CO_2$ dans des veines de charbon ont également été réalisées et on peut citer notamment le projet Recopol, qui a abouti à la réalisation d'un pilote de démonstration en Pologne. À l'heure actuelle, de nombreux projets sont à l'étude en Europe et dans le monde.

En France, différentes actions ont été engagées, coordonnées dans le cadre du Club $CO_2$ animé par l'ADEME. Des travaux de recherche impliquant notamment l'IFP, le BRGM et le CNRS ainsi que différents industriels font l'objet de programmes soutenus par l'Agence Nationale de la Recherche (ANR).

Le projet d'injection de $CO_2$ dans l'ancien gisement de Rousse, mené par Total, va constituer un premier projet intégré de captage-stockage, avec stockage à terre.

Compte tenu des niveaux atteints par le prix du pétrole, la récupération assistée par injection de $CO_2$ devient de plus en plus rentable et les projets se multiplient. Ces projets sont très nombreux aux États-Unis. Il existe actuellement 70 projets de production de pétrole par récupération assistée avec injection de $CO_2$. Des projets ont également été annoncés en Europe, pour la production de pétrole par récupération assistée en mer du Nord. Au nord de l'Écosse, sur le champ de Miller, la société BP étudie un projet consistant à injecter 1,3 million de tonnes de $CO_2$ par an provenant d'une installation produisant 350 MW électriques à partir de gaz naturel. Le procédé retenu consiste à transformer le gaz naturel, en présence d'eau, en un mélange d'hydrogène et de $CO_2$. Après séparation du $CO_2$, l'hydrogène est utilisé pour générer de l'électricité dans un cycle combiné et le $CO_2$ est stocké. En Norvège, Shell et Statoil s'associent sur un projet visant à injecter 2,5 millions de tonnes de $CO_2$ sur le champ de Draugen à partir d'une centrale fonctionnant au gaz naturel et produisant 860 MW électriques.

Des électriciens tels que RWE et E.ON ont également annoncé des projets de démonstration.

Des travaux de R&D restent nécessaires pour développer de nouvelles techniques plus économiques et plus sûres de captage et de stockage du $CO_2$.

Les obstacles à l'heure actuelle sont avant tout d'ordre économique : les coûts de captage et stockage sont encore de l'ordre de 50 € par tonne de $CO_2$ évité. Des actions de réduction des coûts sont indispensables pour assurer la diffusion de ces techniques.

Il est également essentiel de démontrer la sécurité et la fiabilité du stockage géologique sur de très longues durées, qui se mesurent en centaines d'années, ce qui implique d'améliorer la connaissance du comportement du $CO_2$ dans les réservoirs géologiques.

## Aspects réglementaires et sociaux du stockage géologique

Le stockage géologique du $CO_2$ souffre actuellement d'un vide juridique, notamment pour les opérations à terre. Le droit et les procédures administratives à appliquer pour réaliser un stockage souterrain ne sont pas encore clairement définis. C'est un point qui constitue un frein au développement des solutions de captage-stockage, et qui doit être clarifié.

À terre, la réglementation concernant le stockage géologique dépend des différents États et en général n'est pas prévue. Le seul cas qui globalement ne pose pas de problèmes réglementaires concerne l'injection de $CO_2$ dans les réservoirs d'hydrocarbures, notamment en vue de la récupération assistée. Dans tous les autres cas, la réglementation devra être adaptée (ou une réglementation spécifique mise en place) pour prendre en compte le stockage géologique du $CO_2$.

En mer, les opérations d'injection de $CO_2$ sont régies au niveau international par la convention UNCLOS (*United Nations Convention on the Law of the Sea*), ainsi que par la convention de Londres (*Convention on the Prevention of Marine Pollution by dumping of Wastes and other matter*) et la convention OSPAR pour la protection du milieu marin de l'Atlantique du Nord-Est, qui en précisent les conditions d'application.

Un amendement adopté en octobre 2006 du protocole de Londres, qui se rattache au cadre général de la convention de Londres, facilite le stockage du $CO_2$ sous le fond des mers [93].

Au niveau européen, des actions sont en cours pour fixer le cadre réglementaire dans lequel il sera possible d'effectuer dans l'avenir le captage et le stockage géologique du $CO_2$, à terre comme en mer.

Au-delà de la réglementation en place, pour que le stockage géologique du $CO_2$ puisse effectivement être mis en œuvre, il faudra d'abord qu'il soit accepté par les populations concernées. Ceci implique une poursuite des travaux qui vont permettre de le pratiquer en toute sécurité, ainsi que la mise en place d'une large action d'information et de concertation avec les collectivités concernées.

## Perspectives à plus long terme : minéralisation et recyclage du $CO_2$

La minéralisation du $CO_2$ est un moyen de stockage consistant à le faire réagir avec des roches présentant un caractère basique. La principale difficulté d'une telle opération de minéralisation réside dans le fait que ces réactions sont relativement lentes. Elle est réalisée, soit dans une installation industrielle, soit directement dans le sous-sol.

Au cours de la minéralisation *ex situ* dans une installation industrielle, on fait réagir le $CO_2$ avec une roche broyée. L'inconvénient de cette solution est qu'elle nécessite de manipuler, broyer et stocker des volumes considérables de matériaux solides. Différents matériaux solides ont été étudiés pour réaliser la réaction de minéralisation. Il s'agit le plus souvent de roches comme par exemple l'olivine ou encore la serpentine broyées (roches silicatées riches en magnésium), en provenance d'une mine. On a aussi envisagé de recourir à la carbonatation des laitiers d'aciéries, résidus riches en silicates de calcium.

L'injection *in situ* du $CO_2$ dans un milieu naturel (par exemple : roches basiques d'origine magmatique, telles que les basaltes) est menée dans des conditions proches de celles d'un stockage géologique. Le phénomène de minéralisation s'effectue sur une longue période et conduit à la formation d'un composé stable entre le $CO_2$ et la roche basique. Ces roches sont en général peu poreuses, ce qui rend difficile l'injection de quantités importantes de $CO_2$. Des opérations de fracturation peuvent être envisagées pour augmenter le débit injecté, mais de telles solutions sont coûteuses et ne sont pas envisagées à court terme.

Le recyclage du $CO_2$ consiste à rechercher toutes les utilisations possibles du $CO_2$. Malheureusement, ces possibilités sont réduites. Elles concernent en tout premier lieu l'industrie alimentaire, secteur dans lequel les besoins en Europe s'élèvent à 2,7 millions de tonnes de $CO_2$. On peut également produire de la biomasse dans des serres pour différents usages (alimentation, chimie, énergie, etc.) dans une atmosphère enrichie en $CO_2$, pour favoriser la croissance des plantes. Là encore les débouchés sont limités.

La production d'algues dans des bioréacteurs est aussi envisagée pour capter le $CO_2$ provenant d'une centrale thermique. Une fraction de ces algues pourrait être ensuite transformée en biocarburants pour moteurs Diesel à partir de l'huile extraite et une autre fraction convertie en bioéthanol. Les travaux actuels ne sont pas encore assez avancés pour pouvoir conclure que ces transformations sont réalisables, ni surtout qu'elles peuvent être opérées dans des conditions de rentabilité économique. Il faut également prendre en compte les émissions de $CO_2$ produites au moment de l'utilisation du carburant. Le bilan est donc plus ou moins favorable selon la solution de référence considérée.

Dans tous les cas, il est essentiel pour comparer différentes options de tenir compte de bilans carbone détaillés, en définissant soigneusement les solutions de référence.

La seule application à grande échelle déjà présente et susceptible de se développer largement à l'avenir reste, à l'heure actuelle, la récupération assistée, dont il a déjà été question et qui peut être combinée avec le stockage de $CO_2$.

## Une filière industrielle à mettre en place

L'option consistant à capter et à stocker le $CO_2$ dans le sous-sol est amenée à contribuer de manière significative dans l'avenir à la réduction des émissions de gaz à effet de serre.

Il s'agit typiquement d'une « technologie de transition » permettant d'utiliser les énergies fossiles tout en apportant une réponse aux risques de changement climatique.

Le stockage géologique représente en particulier un préalable à un développement accru du charbon. En effet, dans le cas contraire, le recours au charbon aboutira à une augmentation rapide de la teneur en $CO_2$ dans l'atmosphère, très nettement supérieure à celle qui résulterait de la poursuite des tendances actuelles.

Dans l'état actuel des connaissances, le captage et le stockage de $CO_2$ ne pourra être déployé à grande échelle qu'à partir de 2020 environ.

Il est donc essentiel d'accélérer la mise en place de ces solutions. Ceci nécessite l'intensification des travaux de R&D engagés aujourd'hui dans ce domaine en vue de réduire les coûts et d'assurer la sûreté à très long terme de ce type de stockage.

Il est également urgent de disposer du cadre réglementaire nécessaire et de prendre en compte le captage-stockage dans les mécanismes des marchés d'émissions. Ce sont des conditions indispensables à la mise en place d'une véritable filière industrielle.

## Les actions de recherche à entreprendre...

### ... pour capter et stocker le $CO_2$

*Nouveaux procédés de captage*

- Recherche de nouveaux procédés permettant de réduire les coûts (investissements et consommation d'énergie)
- Procédés de transfert direct d'oxygène à l'étape de combustion (boucle chimique)

*Amélioration de la connaissance et de la fiabilité des stockages en sous-sol*

- Identification des sites de stockage
- Développement de modèles prédictifs
- Méthodes de surveillance : sismiques et géochimiques

*Recherche de nouveaux sites de stockage*

- Identification de nouveaux sites de stockage (notamment en aquifères profonds)
- Mode de stockage alternatifs ( dont minéralisation *in situ*)

*Recyclage du carbone capté*

- Utilisation du carbone capté pour la fabrication de matériaux, la chimie ou les carburants de synthèse (en consommant une énergie à faible contenu en carbone)

*Puits de carbone*

- Recherche de cultures à croissance rapide pour maximiser la cinétique de captage de $CO_2$ dans l'atmosphère
- Puits de carbone, associés à un captage-stockage en sous-sol

# 9 Comment réussir la transition énergétique ?

## Les conditions à réunir pour réussir la transition énergétique

Les différentes options présentées dans les chapitres précédents permettent-elles d'assurer de manière satisfaisante la transition énergétique qui s'impose à nous ?

Les conditions pour y arriver ont été évoquées à différentes reprises. La limitation des émissions de $CO_2$ représente la principale contrainte. Malgré les incertitudes qui demeurent, il faut choisir l'hypothèse de travail la plus raisonnable. L'objectif adopté par l'Union Européenne de limiter à 2 °C l'élévation moyenne de température apparaît à l'heure actuelle comme le plus approprié. Comme nous l'avons vu, les émissions de $CO_2$ doivent rester à un niveau compatible avec une teneur en $CO_2$ dans l'atmosphère de 450 ppm à l'horizon 2050. Pour y parvenir, il faut, au niveau mondial et par rapport à aujourd'hui, diviser par un facteur de l'ordre de 2 les émissions de $CO_2$.

Parallèlement, nous aurons à faire face à un plafonnement, puis un déclin, de la production mondiale d'hydrocarbures.

Face à cette situation, nous devons tout faire pour nous prémunir à la fois d'une crise économique majeure et d'une catastrophe environnementale. La tâche n'est pas facile, mais pas impossible, à condition d'engager dès à présent les actions appropriées. Alors que la poursuite des tendances actuelles aboutit à une situation intenable, il nous est encore possible, en mettant en œuvre l'ensemble des moyens décrits précédemment, d'aboutir à un scénario acceptable à l'horizon 2050.

Pour réussir, il ne suffira cependant pas de disposer de solutions technologiques. Il faudra aussi faire preuve de créativité et d'innovation dans tous les domaines, en faisant évoluer profondément les modes de vie.

En définitive, c'est donc un nouveau projet de société qu'il s'agit de mettre en place.

## Établir un scénario d'évolution acceptable

Nous allons montrer qu'en agissant selon les quatre leviers présentés dans les chapitres précédents (réduire la consommation d'énergie, réduire son contenu carbone, maîtriser les approvisionnements en énergies fossiles, capter et stocker le $CO_2$ émis), il est possible de satisfaire les besoins mondiaux en énergie, tout en limitant les émissions de $CO_2$ à un niveau acceptable.

Pour ce faire, examinons les scénarios d'évolution à l'horizon 2050. Cette date représente la limite des projections actuelles et un point de repère important pour le bilan $CO_2$. D'ici là, il faudra réussir à stabiliser la teneur en $CO_2$ dans l'atmosphère (ce qui implique bien entendu, comme on l'a vu, d'engager un plan d'actions dès à présent).

Partant du niveau de consommation de 2005, le premier scénario « BAU », pour *« Business as usual »*, est obtenu en extrapolant les tendances actuelles (Fig. 9.1). Dans ce scénario, la consommation mondiale d'énergie enregistre un doublement en moins de cinquante ans, passant de 11,4 Gtep/an en 2005 à 22,7 Gtep/an en 2050. L'offre d'énergie reste assurée à 80 % par les énergies fossiles, le charbon représentant 26 % de la fourniture d'énergie primaire, le pétrole 32 % et le gaz naturel 22 %. Les émissions de $CO_2$ correspondantes passent ainsi de 26,6 Gt/an en 2005 à 52 Gt /an en 2050. Ce scénario n'est clairement pas acceptable ni même réaliste. Il faut noter toutefois que ce n'est pas le plus pessimiste.

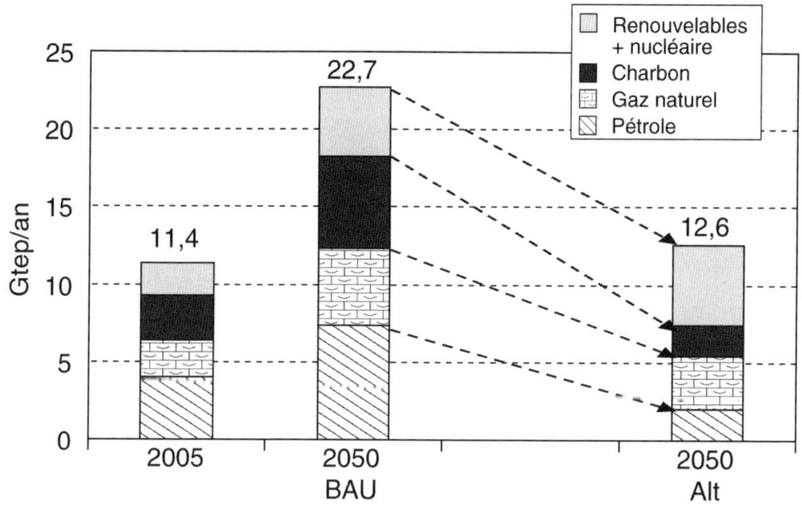


**Figure 9.1 :** Évolution de la consommation mondiale d'énergie

Le second scénario, qualifié d'alternatif (Alt), permet de répondre aux mêmes besoins, mais avec un niveau d'émissions réduit à 14,5 Gt/an en 2050, soit un facteur de réduction de 3,6 par rapport au scénario de référence (BAU).

Il est obtenu en agissant sur les quatre leviers d'action présentés précédemment :

– L'amélioration de l'efficacité énergétique aboutit d'ici 2050 à réduire de 44 % la consommation annuelle d'énergie, en passant d'une consommation de 22,7 Gtep/an à une consommation de 12,6 Gtep/an.
– La part globale des énergies fossiles passe de 80 % à 59 %.
– La consommation de charbon est divisée par un facteur 3 par rapport au scénario de référence et ne représente plus que 16 % de la consommation annuelle d'énergie dans le scénario alternatif.
– La consommation d'hydrocarbures, bien que fortement réduite par rapport au scénario de référence, reste néanmoins

proche du niveau actuel, avec un accroissement significatif de la part du gaz naturel, ce qui implique un effort important pour assurer le niveau de production correspondant.

Le scénario alternatif est cohérent avec l'hypothèse d'une consommation de pétrole atteignant son maximum avant 2050, puis diminuant progressivement par la suite, pour revenir à un niveau proche du niveau actuel vers 2050. Ceci implique d'utiliser le pétrole principalement pour la production de carburants, d'aboutir à une forte réduction de la consommation et de développer les énergies alternatives (biocarburants, hybrides rechargeables et peut-être hydrogène dès la fin de la période considérée…).

La consommation de gaz naturel est supposée augmenter jusqu'en 2030 pour se stabiliser ensuite, suivant sensiblement un plateau de consommation.

## Atteindre les objectifs visés

L'évolution suivie dans les différents scénarios considérés est représentée sur le graphique de la figure 9.2. Sur ce graphique, les émissions de $CO_2$ (en milliards de tonnes par an) sont représentées en fonction de la consommation d'énergie (en milliards de tonnes d'équivalent pétrole par an).

La réduction des émissions de $CO_2$ est obtenue en agissant sur les trois facteurs analysés précédemment :

- L'amélioration de l'efficacité énergétique conduit d'ici 2050 à une réduction des émissions de $CO_2$, d'environ 23 Gt/an (passage du point F1 au point F2).
- Par décarbonation du *mix* énergétique, on obtient, à niveau de consommation d'énergie conservé, une réduction des émissions de $CO_2$ de l'ordre de 7,5 Gt/an (passage du point F2 au point F3) :
- Le captage et le stockage de $CO_2$ ainsi que les puits de carbone permettent de réduire encore les émissions de l'ordre

de 7 Gt/an (passage du point F3 au point F4). Les puits de carbone (opérations volontaires de reforestation ou de production de biomasse destinées à améliorer le bilan carbone) n'interviennent que pour une part relativement faible de ce total, ne dépassant pas 1 Gt/an. La mise en œuvre du captage et stockage de $CO_2$ va nécessiter un effort considérable. En effet, dans le cas d'une opération comme celle de Sleipner, le débit de $CO_2$ injecté dans le sous-sol est de 1 Mt/an ; à l'échelle mondiale, il faudra donc réaliser l'équivalent de 6 000 à 7 000 opérations de ce type d'ici 2050, pour atteindre le niveau requis de réduction des émissions de $CO_2$.

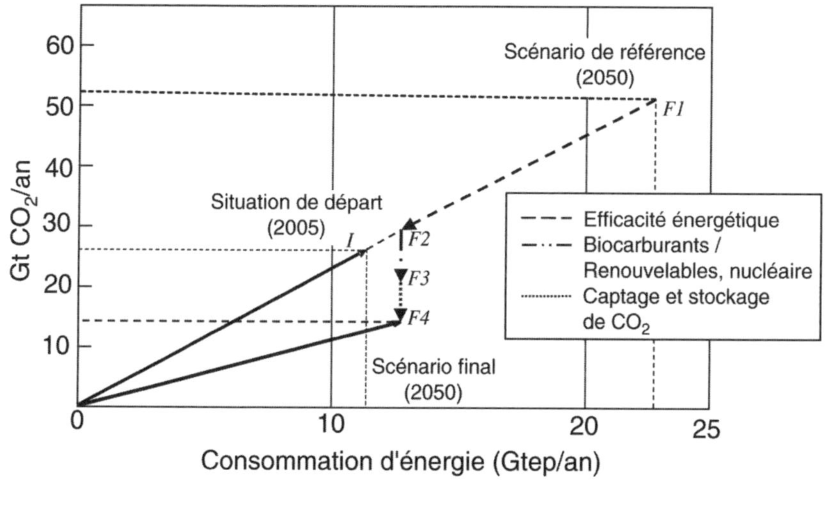


**Figure 9.2 :** Scénario d'évolution de la demande mondiale d'énergie et des émissions de $CO_2$ à l'horizon 2050

La figure 9.3 présente l'évolution au cours du temps des émissions mondiales de $CO_2$ dans le scénario de référence et dans le scénario alternatif. Elle montre l'impact des différents leviers d'action.

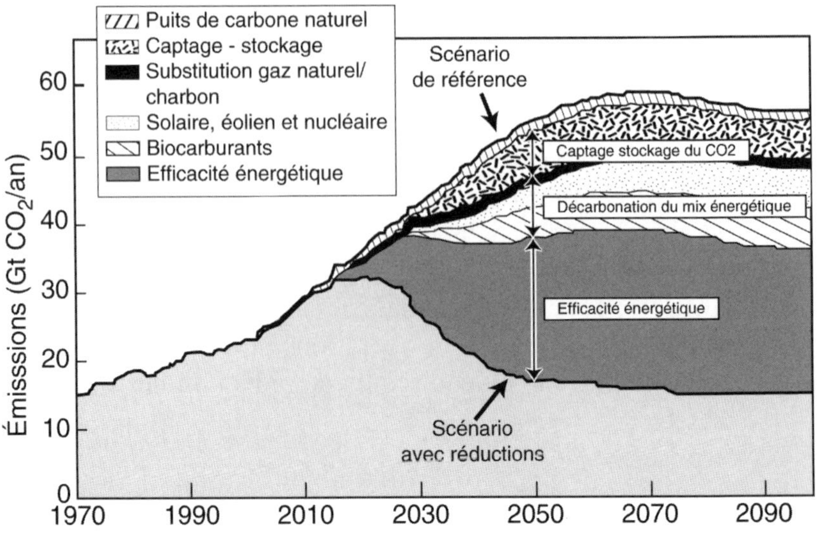


**Figure 9.3 :** Scénario d'évolution des émissions mondiales de $CO_2$

Les données de la figure 9.3 sont le résultat d'un scénario établi au niveau européen, figurant dans un rapport de l'Agence Européenne de l'Environnement, avec des hypothèses proches de celles qui ont été considérées précédemment [95, 96].

Dans le scénario alternatif, les émissions de $CO_2$ passent par un maximum vers 2020, puis décroissent jusqu'à un niveau proche de la moitié du niveau actuel vers 2050.

## Les perspectives de réussite

Le scénario alternatif montre qu'il est possible de réussir, mais il ne pourra pas aboutir sans une volonté politique forte et une large adhésion de l'opinion. Dès lors, se pose la question de son réalisme et de ses réelles chances de succès.

Les difficultés sont d'autant plus grandes qu'il faudra engager et faire aboutir des négociations au niveau international pour mettre en place un plan d'action à l'échelle de la planète.

L'opinion internationale sera surtout sensible à des épisodes catastrophiques, liés soit au changement climatique, soit à une pénurie des approvisionnements énergétiques. Le principal risque réside donc dans une prise de conscience trop tardive des risques encourus, qui ne permettrait pas d'anticiper suffisamment à temps l'évolution future.

L'urgence des actions à entreprendre est pourtant claire. Plus tôt nous serons capables de les engager, plus nous serons capables d'éviter les résultats catastrophiques que provoquerait l'inaction. Il faut donc aller de l'avant, en considérant que tout progrès réalisé aura un impact significatif sur l'évolution future.

La réussite suppose un ensemble indissociable de mesures, visant à :

- Assurer les progrès technologiques nécessaires.
- Faire évoluer les modes de vie et de consommation.
- Mettre en place de nouvelles règles de gouvernance et, au-delà, un véritable projet de société, dans une perspective de développement durable.

## Les progrès technologiques à assurer

Nous l'avons vu, pour réussir, la transition énergétique devra faire appel à des technologies spécifiques, dont certaines ont été décrites dans les chapitres précédents : systèmes hybrides, biocarburants, batteries électriques, captage et stockage du $CO_2$, etc.

Ces différentes technologies seront disponibles progressivement et devront être déployées par phases successives pour assurer une transition énergétique sans rupture.

L'amélioration de l'efficacité énergétique représente, dans un premier temps, le principal moyen pour réduire d'ici 2020 les émissions de $CO_2$ et faire face au plafonnement de la production de pétrole et de gaz. Ce sera le facteur dominant des deux prochaines décennies.

Puis, entre 2015 et 2030, sous réserve que nous nous engagions rapidement et massivement dans les voies correspondantes, d'autres options telles que les biocarburants, la production d'électricité à partir de sources d'énergie non fossiles et le captage-stockage de $CO_2$ vont jouer un rôle croissant.

À plus long terme, à partir de 2030/2050, de nouvelles options énergétiques seront mises en place de façon progressive : nucléaire de génération IV, solaire photovoltaïque, systèmes de stockage d'énergie et utilisation d'hydrogène comme vecteur énergétique.

**Tableau 9.1**

Mise en œuvre des technologies de la transition énergétique

| Court terme (2008-2020) | Moyen terme (2015-2030) | Long terme (après 2030-2050) |
|---|---|---|
| Amélioration des rendements<br>Nouveaux matériaux<br>Systèmes de régulation et de contrôle<br>Énergie ex-biomasse | Systèmes hybrides<br>Biocarburants<br>Captage et stockage de $CO_2$<br>Développement options de long terme | Hydrogène comme vecteur énergétique<br>Nucléaire<br>Génération IV<br>Stockage de l'électricité<br>Photovoltaïque |

Le tableau 9.1 présente les phases de mise en œuvre des technologies de la transition énergétique, telles qu'il est possible de les envisager actuellement.

La mise au point de technologies propres et performantes dans le domaine de l'énergie sera favorisée par une convergence des progrès techniques dans trois domaines :

- **Matériaux avancés et nanotechnologies**

De nouveaux matériaux seront utilisés pour réduire les frottements, atteindre des températures et des rendements plus élevés, mieux stocker l'énergie ou encore réaliser de nouveaux types de photopiles. De nouveaux catalyseurs et membranes de séparation permettront de développer des procédés industriels combinant performance énergétique et protection de l'environnement.

- **Technologies de l'information et capteurs**

Les avancées dans le domaine des technologies de l'information ainsi que la mise au point de nouveaux capteurs seront mises à profit pour optimiser à tout moment les conditions d'utilisation de l'énergie.

Ces progrès sont déjà largement mis en œuvre dans le secteur de l'automobile ; l'électronique embarquée contrôle le fonctionnement du moteur, en optimisant l'utilisation du carburant. Des systèmes d'optimisation en temps réel de plus en plus élaborés sont également utilisés pour gérer la consommation d'énergie dans l'industrie ou dans l'habitat.

- **Biotechnologies**

Les progrès en biochimie faciliteront la production de biocarburants et, plus généralement, d'énergie à partir de la biomasse. Ils permettront également de déployer une chimie « verte », de mieux gérer les ressources en eau et de favoriser le recyclage des déchets.

La mise au point de ces technologies de transition représente un enjeu économique majeur. Les opportunités dans ce secteur d'activité sont de plus perçues comme des sources de profits dans l'avenir. Le secteur des technologies vertes (*cleantech*) suscite une vague record d'investissements en capital-risque aux États-Unis et notamment en Californie, faisant craindre à certains le risque d'une bulle financière comparable à celle qu'avait suscitée Internet [94].

Même si les excès spéculatifs doivent être observés avec la prudence qui s'impose, ce phénomène traduit néanmoins un intérêt croissant pour les mutations en cours dans les secteurs de l'énergie et de l'environnement.

## Une évolution qui reste ouverte

L'aménagement de la transition énergétique implique une démarche pragmatique par étapes. Chacune des étapes doit être engagée de façon à se rapprocher des objectifs visés et à préparer les étapes suivantes.

Il est difficile de prévoir dès à présent l'ensemble des progrès technologiques susceptibles d'intervenir d'ici 2050 et au-delà. Des incertitudes demeurent en ce qui concerne la rapidité des progrès futurs ainsi que la possibilité d'opérer des percées techniques, qui viendraient bouleverser les schémas préétablis. La mise en place de solutions de transition adaptées doit néanmoins permettre de préparer l'avenir.

Dans le domaine de la production d'énergie, on peut s'attendre à une diversification des sources d'énergie utilisées. Pendant toute la période de transition, la génération d'électricité à partir d'énergies fossiles, intégrant le captage et stockage de $CO_2$, va coexister avec celle qui sera assurée par le nucléaire et les renouvelables, dont la part dans le monde va aller en croissant.

Les progrès futurs dans le domaine de la production d'énergie photovoltaïque devraient se traduire par ailleurs par une augmentation de la part de la production décentralisée (proche des lieux de consommation) ; en effet, les coûts de production d'électricité par photopiles étant peu sensibles à l'effet de taille, le poids relatif du coût de transport devient plus important.

L'utilisation croissante d'énergies intermittentes, telles que les énergies éolienne et solaire, nécessitera à terme le développement de moyens de stockage. Le stockage d'énergie représente donc une technologie essentielle à faire progresser dans l'avenir.

Dans le domaine du transport de personnes et de marchandises, c'est toute la problématique de la mobilité qui doit être revue. Ainsi, dans l'avenir, on devrait observer l'introduction de véhicules dédiés à un certain environnement et, en particulier, de véhicules non polluants adaptés au centre-ville.

Les avantages du véhicule hybride rechargeable comme solution d'avenir ont déjà été évoqués. La forte réduction de consommation que permet cette option devrait faciliter la mise en œuvre de biocarburants pendant la période de transition. En effet, les ressources en biomasse disponibles permettent dans ce cas de couvrir une part beaucoup plus significative des carburants nécessaires. Cette technologie est également de nature à faciliter la diffusion des véhicules électriques, à condition qu'entre-temps des progrès significatifs soient effectués dans le domaine des batteries pour permettre une autonomie suffisante. Les obstacles à surmonter pour utiliser l'hydrogène comme carburant ont déjà été mentionnés, mais les travaux engagés pourraient déboucher grâce à de nouvelles ruptures technologiques et doivent être poursuivis.

Le transport aérien pose un problème particulièrement difficile. La réduction de la consommation grâce à l'introduction de nouveaux matériaux et à l'amélioration des technologies de propulsion représente un facteur important de progrès, mais les gains effectués risquent d'être plus que compensés par l'augmentation du trafic. Dans l'avenir, le kérosène utilisé pourrait être en partie produit à partir de biomasse. Pour des raisons économiques et compte tenu d'une disponibilité limitée de la biomasse nécessaire, une telle production ne couvrira vraisemblablement qu'une fraction des besoins. En outre, les critères de sécurité très sévères dans le secteur de l'aviation freinent l'introduction de carburants alternatifs.

L'hydrogène représente dans le domaine de l'aviation une solution d'avenir séduisante, mais son utilisation se heurte à la nécessité de revoir complètement la conception des appareils. Outre les difficultés liées à la production d'hydrogène liquide et à toute la logistique nécessaire, les appareils doivent être conçus pour placer des réservoirs beaucoup plus volumineux. Toutefois, à condition de démontrer que la sécurité peut être assurée dans des conditions satisfaisantes, cette voie mérite certainement d'être considérée, dans la mesure où il n'existe guère d'autre alternative à terme, sinon de réduire fortement les déplacements aériens, option qui ne peut pas non plus être totalement exclue.

D'une manière générale, il faut faciliter la mise en place progressive des solutions futures qui se dessinent dès à présent. Les technologies hybrides et flexibles, améliorant la souplesse d'adaptation, apparaissent ainsi comme particulièrement appropriées à la période de transition.

## Associer innovations technologiques et évolution des modes de vie

Comme nous l'avons vu, la situation actuelle appelle une transformation profonde de notre modèle économique. Pour la mener à bien, il nous faudra certes faire appel à un ensemble de technologies innovantes, mais la technologie, seule, ne suffira pas. Les transformations qu'elle amènera doivent s'inscrire dans un projet de société plus vaste impliquant également une évolution des modes de vie et des mentalités.

Un tel projet nécessite une réglementation adaptée et une gouvernance à l'échelle mondiale. Les changements à opérer doivent cependant rester compatibles avec un progrès de la qualité de vie.

Ce n'est qu'en inventant de nouvelles solutions pour améliorer la qualité de vie tout en réduisant la consommation d'énergie qu'il sera possible d'obtenir l'adhésion des opinions publiques. La pollution, qu'elle soit chimique, sonore ou même simplement visuelle, menace cette qualité de vie. La recherche d'un cadre de vie plus harmonieux et plus sain va devenir une préoccupation croissante de chacun. La France et l'Europe disposent de nombreux atouts pour montrer l'exemple dans cette recherche d'un meilleur environnement et de solutions plus durables. Les pays émergents seront ainsi incités à passer directement à ce nouveau paradigme, plutôt que de repasser par l'ensemble des étapes suivies par les pays actuellement les plus riches.

C'est maintenant que se joue la période 2030-2050 et au-delà. Il est indispensable qu'une volonté politique forte au niveau mondial conduise à la mise en place du cadre réglementaire et incitatif adéquat pour créer les conditions du changement nécessaire.

## Un projet de société

Un retour en arrière ou des mesures de rationnement seraient difficiles à accepter et pourraient avoir des conséquences dramatiques.

Il est en revanche possible d'imaginer de nouvelles solutions susceptibles de rendre la vie plus attrayante tout en limitant la consommation de ressources et en protégeant l'environnement. Pour effectuer ce changement dans les modes de vie, il a été proposé de créer la « société du facteur 4 » [51].

Une meilleure conception de l'habitat et une réduction des temps de transports permettent de diminuer la consommation d'énergie, mais rendent aussi la vie plus agréable. L'introduction de moyens de transports collectifs plus flexibles grâce à l'informatique permet de les rendre plus attractifs et de diminuer l'usage de la voiture individuelle. La volonté de bénéficier d'un cadre de vie agréable favorise la création de quartiers piétons. Libérer le centre des villes de la pollution et du bruit liés au trafic automobile facilite un retour vers un habitat plus concentré, moins consommateur d'espace et d'énergie.

Les télécommunications, en se perfectionnant, peuvent limiter les déplacements physiques. De même, la recherche d'une meilleure condition physique conduit à limiter les déplacements en voiture, au profit des déplacements à pied ou en vélo. Elle favorise aussi la consommation de produits biologiques, meilleurs en qualité et obtenus grâce à une agriculture moins intensive.

Dans une société où le savoir devient de plus en plus important, les biens immatériels et notamment les biens culturels prennent une importance accrue. La valeur de l'information n'est plus directement liée à la quantité de ressources qu'elle mobilise. Un seul disque DVD peut enfermer l'équivalent d'une bibliothèque entière. Internet ouvre la voie à un univers quasiment illimité de création artistique et intellectuelle. Une fois les besoins essentiels satisfaits, les mondes virtuels qui vont s'ouvrir à nous pourront satisfaire une large partie des besoins de découverte et d'évasion, sans consommer ni ressources, ni énergie.

La création de valeur n'implique par forcément la consommation de ressources supplémentaires. Les valeurs artistiques, la beauté des paysages ou des créations humaines, doivent être aussi appréciées à leur juste valeur, même si celle-ci est difficile à quantifier.

# Conclusion

Au terme de l'analyse présentée dans cet ouvrage, quelques conclusions s'imposent clairement.

Il apparaît tout d'abord que le système énergétique actuel, qui conduit à des émissions massives de $CO_2$ et une forte dépendance vis-à-vis des approvisionnements pétroliers, n'est pas durable et il est donc indispensable d'engager une transition.

Les mesures à prendre sont urgentes, alors que la substitution des énergies fossiles par des énergies alternatives non émettrices de $CO_2$ prendra du temps.

Il est crucial de mettre en œuvre rapidement un ensemble de moyens spécifiquement adaptés à la période de transition qui s'ouvre devant nous.

Quatre leviers d'action ont été identifiés :

- La réduction de la consommation d'énergie est la première forme d'action à mettre en œuvre. Elle permet à la fois de diminuer les tensions sur les approvisionnements en hydrocarbures et de réduire les émissions de $CO_2$. En outre, des résultats importants peuvent être obtenus en faisant appel à des solutions déjà disponibles.
- La décarbonation de l'énergie est un objectif essentiel pour l'avenir mais ne pourra pas être achevée à court terme. Des solutions de transition (diversification du *mix* énergétique, biocarburants, etc.) devront être mises en place. La période de transition sera marquée par le développement de *solutions hybrides*, associant différentes formes d'énergie.
- Les approvisionnements en énergies fossiles vont continuer à jouer un rôle important pendant la période de transition.

Ce sont eux qui nous laissent le court répit dont nous avons absolument besoin pour déployer les sources d'énergies alternatives. Il faudra assurer une diversification des sources d'approvisionnement et surtout éviter un report sur les combustibles les plus pénalisants pour l'environnement.

- Le captage et le stockage du $CO_2$ devront être mis en œuvre le plus rapidement possible ; c'est en particulier un préalable à une utilisation plus large du charbon.

L'ensemble des transformations à opérer va nécessiter un large recours à l'innovation. De nouvelles solutions doivent être inventées ou mises au point. Ces mutations représentent une opportunité majeure pour tous ceux qui sauront les anticiper.

Les solutions techniques, à elles seules, ne suffisent cependant pas. Elles ne pourront se développer efficacement que dans le cadre de politiques publiques appropriées et menées avec détermination.

Les problèmes auxquels nous sommes confrontés étant planétaires, ces politiques devront faire l'objet d'un accord international aussi large que possible. La nécessité d'une coordination internationale accrue ne doit pas pour autant susciter une attitude d'expectative au niveau national : les initiatives prises dès aujourd'hui pour aller vers de nouvelles solutions ne peuvent que faciliter les décisions et les choix nécessaires au niveau mondial.

Enfin, une évolution de nos modes de vie est indispensable. L'imagination et l'innovation doivent être également au rendez-vous pour inventer de nouveaux modes d'habitat ou de mobilité. Plus qu'une évolution, il s'agit là d'une révolution. La réussir est une obligation, pour la planète et nos enfants. Elle exige une adhésion massive et sans faille de l'ensemble des citoyens, c'est-à-dire de nous tous.

# Annexes

## Annexe 1 – Énergie et puissance

- Quelle que soit la source de départ, d'après le premier principe de la thermodynamique, l'énergie se conserve et se transforme en quantités équivalentes de travail ou de chaleur.

  D'après le second principe de la thermodynamique, lorsque de l'énergie thermique est convertie en travail, une partie d'entre elle est dissipée sous forme de chaleur dans le milieu ambiant et ne peut être réutilisée. La « qualité » de l'énergie sous forme thermique dépend du niveau de température. Elle est d'autant plus faible que ce niveau est bas et proche de la température ambiante.

  L'unité physique légale (Système International – SI) pour mesurer une quantité d'énergie est le Joule (J).

  Dans un contexte économique, on utilise fréquemment comme unité la tonne d'équivalent pétrole (tep) et parfois la tonne d'équivalent charbon (tec).

  Comme unité d'énergie, on utilise également le kWh, énergie délivrée au bout d'une heure par une installation délivrant 1 kW de puissance.

- La puissance désigne la quantité d'énergie délivrée par unité de temps. L'unité physique légale de puissance (unité SI) est le Watt (W), qui représente un Joule délivré par seconde. On utilise également les multiples du Watt, qui sont le kW (1 000 W), le MW (1 000 kW), le GW (1 000 MW) et le TW (1 000 GW).

  Un Watt crête (Wc) désigne la puissance maximale délivrée par un équipement alimenté par une source d'énergie intermittente (par exemple, une photopile)

Une unité ancienne de puissance, dont l'intérêt est à présent purement historique, est le Cheval Vapeur. Son utilisation prolongée montre que la puissance mécanique produite par la machine à vapeur s'est dans un premier temps substituée à la puissance musculaire du cheval. La correspondance avec l'unité légale est la suivante : 1 ChV = 736 W.

On trouve encore dans l'industrie automobile une survivance de cette unité, avec l'utilisation des termes de Chevaux mécaniques et de Chevaux fiscaux (différents des Chevaux mécaniques).

# Annexe 2 – Conversions et équivalences entre unités

| | |
|---|---|
| 1 W | = 1 J/s |
| 1 kWh | = 3,6 MJ |
| 1 MWh = 1 000 kWh | = 0,086 tep |
| 1 tep (tonne équivalent pétrole) | = 41,8 GJ = 7,33 b |
| 1 tonne de charbon (anthracite) | = 0,67 tep |
| 1 tonne de charbon (lignite) | = 0,33 tep |
| 1 000 $m^3$ de gaz naturel | = 0,9 tep |
| 1 tonne de GNL | = 1,23 tep |
| 1 baril (b) | = 159 litres |
| 1 baril par jour (b/j) | = 49,8 t/an |

# Annexe 3 – Abréviations

- **Multiples de 1 000 :**

k : kilo ($10^3$)

M : méga ($10^6$)

G : giga ($10^9$)

T : téra ($10^{12}$)

- **Autres abréviations :**

ADEME : Agence De l'Environnement et de la Maîtrise de l'Énergie

AFC : *Alkaline Fuel Cell* – Pile à combustible alcaline

AIE : Agence Internationale de l'Énergie

ATIC : Association Technique de l'Importation Charbonnière

ASPO : *Association for the Study of the Peak Oil & Gas*

BAU : *Business As Usual*

BRGM : Bureau de Recherches Géologiques et Minières

BTL : *Biomass To Liquids* – Voie de conversion de la biomasse en carburants liquides

CAF : *Cost, Assurance and Freight* – Coût incluant assurances et transport

CEA : Commissariat à l'Énergie Atomique

CFC : Composés ChloroFluoroCarbonés

COV : Composés Organiques Volatils

CTL : *Coal To Liquids* – Voie de conversion du charbon en carburants liquides

DEFC : *Direct Ethanol Fuel Cell* – Pile à combustible alimentée en éthanol.

DMFC : *Direct MethanolFuel Cell* – Pile à combustible alimentée en méthanol

EMHV : Ester Méthylique d'Huile Végétale

ENR : Énergies Nouvelles/Renouvelables
EPR : *European Pressurised Reactor*
ETBE : Ethyl-Tertio-Butyl-Ether
ETS : *Emissions Trading Scheme*
FACTS : *Flexible Alternating Current Transmission Systems*
GES : Gaz à Effet de Serre
GIEC : Groupe Intergouvernemental d'Experts sur l'Évolution du Climat
GNL : Gaz Naturel Liquéfié
GNV : Gaz Naturel Véhicule
GPL : Gaz de Pétrole Liquéfiés
GTL : *Gas To Liquids* – Voie de conversion du gaz naturel en carburants liquides
HAP : Hydrocarbures Aromatiques Polycycliques
IDH : Indicateur de Développement Humain
IPV : Indicateur de Progrès Véritable
ITER : *International Thermonuclear Experimental Reactor*
LED : *Light Emitting Diodes* – Diodes électroluminescentes
MDP : Mécanisme de Développement Propre
MEA : Mono Éthanol Amine
MIT : *Massachussets Institute of Technology*
MOC : Mécanisme de mise en Œuvre Conjointe
MOFC : *Molten Carbonate Fuel Cell* – Pile à combustible à carbonate fondu
Mox : *Mixed oxide* (combustible nucléaire contenant du plutonium recyclé)
NOx : oxydes d'azote
OGM : Organismes Génétiquement Modifiés
OMM : Organisation Météorologique Mondiale
ONU : Organisation des Nations Unies
OPEP : Organisation des Pays Exportateurs de Pétrole

| | |
|---|---|
| OSPAR | : Désignation de la convention Oslo-Paris visant la protection de l'environnement marin de l'Atlantique Nord-Est |
| ppm | : partie par million |
| PAN | : Péroxy-Acétyl-Nitrate |
| PED | : Pays En Développement |
| PEMFC | : *Proton Exchange Membrane Fuel Cell* – pile à combustible à membrane échangeuse de protons |
| PIB | : Produit Intérieur Brut |
| $PM_x$ | : Particules de diamètre inférieur à $x$ microns |
| PNB | : Produit National Brut |
| PNUE | : Programme des Nations Unies pour l'Environnement |
| R & D | : Recherche et Développement |
| REP | : Réacteur à Eau sous Pression |
| RNR | : Réacteur à Neutrons Rapides |
| SOFC | : *Solid Oxide Fuel Cell* – pile à combustible à oxyde solide |
| SOx | : oxydes de soufre |
| UE | : Union Européenne – UE 15 : avec les quinze premiers pays ; UE 25 avec vingt-cinq pays |
| UNCLOS | : *United Nations Convention on the Law of the Sea* – Convention internationale de protection de l'environnement maritime |
| UNFCC | : *United Nations Framework Convention on Climate Change* |
| VHR | : Véhicules Hybrides Rechargeables |

# Références


[1] World Energy Outlook, IEA, 2007.

[2] Key World Energy Statistics, IEA, 2007.

[3] Energy to 2050, IEA, 2003.

[4] Jean-Pierre Favennec, « Géopolitique de l'énergie », Éditions Technip, 2007.

[5] Jean-Marie Chevalier, « Les grandes batailles de l'énergie », Folio Actuel, 2004.

[6] Stéphanie Monjon, « Mondialisation et environnement », Développement et Environnement, Cahiers français 337, mars-avril 2007.

[7] Al Gore, « Earth in the Balance », Earth Scan Limited, Rev Ed, 2007.

[8] BP Statistical Review, 2007.

[9] Dominique Dron, « Les enjeux d'un climat soutenable », Regards sur la Terre 2007, L'annuel du développement durable sous la direction de Pierre Jacquet et Laurence Tubiana – Paris, Presses de Sciences Po, 2006.

[10] Jean-Marc Jancovici, « L'avenir climatique », Seuil, 2002.

[11] Tim Flannery, « The weathermakers », Grove Press, 2005.

[12] Adolphe Nicolas, « Futur empoisonné », Belin, Pour la science, 2007.

[13] Nicolas Stern, « Review on the Economics of Climate Change », 2006.

[14] Yves Cochet, « Pétrole apocalypse », 2005.

[15] James Howard Kunstler, « The long emergency », Atlantic Books London, 2006.

[16] Pierre Lafitte, Claude Saunier « Changement climatique et transition énergétique : dépasser la crise », rapport OPECST, 2006.

[17] Pierre-René Bauquis, Oil & Gas Science and Technology, 56, 4, 2001.

[18] Energy Technology Perspectives, IEA, 2006.

[19] IPCC Special Report on Emissions Scenarios.

[20] Richard S. Lindzen, « Why so gloomy », Special report : living with climate change, Newsweek, April 16/23, 2007.

[21] George Monbiot, « Heat – How to stop the planet from burning », Anchor Canada, 2007.

[22] Gary Yohe, Elizabeth Malone, Antoinette Brenkert, Michael Schlesinger, Henk Meij, Xiaoshi Xing, Daniel Lee, « A Synthetic Assessment of the Global Distribution of Vulnerability to Climate Change from the IPCC Perspective that Reflects Exposure and Adaptative Capacity », CIESIN, Columbia University, New York, April 2006.

[23] Le Cercle des économistes et Erik Orsenna, « Un monde de ressources rares », Perrin/Descartes & Cie, 2007.

[24] Ervin Laszlo, « The chaos point. The world at the crossroads », Piatkus, 2006.

[25] Jared Diamond, « Collapse – How societies choose to fail or succeed », Penguin Books, 2006.

[26] Thomas Hover-Dixon, « The upside of down-catastrophe, creativity and the renewal of civilisation », Souvenir Press, 2006.

[27] Dominique Bourg et Gilles-Laurent Rayssac, « Le développement durable. Maintenant ou jamais », Découvertes Gallimard, Sciences et Techniques, 2006.

[28] Meadows D.H. *et al.*, « Halte à la croissance », Paris, Fayard, 1972.

[29] Gilles Rotillon, « Les différentes approches du développement durable », Cahiers français 337, Développement et environnement, mars-avril 2007.

[30] Étude WETO, « Énergie, technologie et politique climatique : les perspectives mondiales à l'horizon 2030 ».

[31] Newman P.W.G. et Kenworthy J.R., « Sustainability and Cities : Overcoming Automobile Dependence », Island Press, Washington (DC), 1999.

[32] Jean Marc Jancovici et Alain Grandjean, « Le plein, s'il vous plaît », Éditions du Seuil, 2006.

[33] Jean-Charles Hourcade et Frédéric Ghersi, « La taxe carbone : une bonne idée à ne pas gâcher », Pour la Science, dossier n° 54, janvier/mars 2007.

[34] Patrick Criqui, « Effets de serre : quelques scénarios », Futuribles, janvier 2006.

[35] Rapport du Groupe de travail, « Division par quatre des émissions de gaz à effet de serre de la France à l'horizon 2050 », sous la présidence de Christian de Boissieu.

[36] Jean-Pierre Dupuy, « Pour un catastrophisme éclairé », Éditions du Seuil, 2002.

[37] « Énergie – Des choix qui engagent pour cent ans », Le Monde Diplomatique, janvier 2005.

[38] « L'intensité énergétique de la croissance chinoise – Tendances et enjeux », LEPII – EPE, Colloque international « La Chine au cœur de la croissance mondiale : concurrence, opportunités, restructuration de réseaux éconoliques », CREM, Université de Rennes 1, 1-2 décembre 2005.

[39] Gilles Pison, « 6,5 milliards d'hommes aujourd'hui, combien demain ? », Revue du Palais de la Découverte, n° 347, avril 2007.

[40] « Hypergreen : une résille de béton pour une tour écologique », Les Échos, supplément spécial Développement durable, mercredi 28 mars 2007.

[41] Giraud P.N. et B. Lefèvre, « Transport et urbanisme, le défi des villes du Sud », *in* « Regards sur la Terre » sous la direction de P. Jacquet et L. Tubiana, Paris, Presses de Sciences Po.

[42] Cédric Philibert, « Transport, énergies et facteur 4 », DATAR, Études et prospectives, décembre 2005.

[43] « Deux technologies pour réduire les consommations d'éclairage, aujourd'hui et dans les années 2020 », Énergie et développement durable, n° 14, novembre-décembre 2006.

[44] Patrick Piro, « Guide des énergies vertes pour la maison », Terre vivante, 2006.

[45] A.B. Lovins, E.K. Datta, O.E. Bustnes, J.G. Koomey, NJ. Glasgow « Winning the Oil Endgame », Rocky Mountain Institute, 2004.

[46] Philippe Pinchon, « Futures évolutions des motorisations dans l'automobile », Réalités industrielles, Annales des Mines, novembre 2003.

[47] Pierre-René Bauquis, « Quelles énergies pour les transports au XXI$^{e}$ siècle » Les cahiers de l'économie – n° 55, Série Analyses et Synthèses, ENSPM-IFP, octobre 2004.

[48] Michel Griffon, « Une période de transition », Les Échos, supplément spécial Développement durable, 28 mars 2007.

[49] Jacques Astier, « Quelques réflexions sur la récupération et le recyclage des ferrailles en sidérurgie », Les techniques de l'industrie minérale, décembre 2005.

[50] Nicolas Hulot, « Pour un pacte écologique », Calmann-Lévy, 2006.

[51] Pierre Matarasso, Le « facteur 4 » : un projet de société, Pour la Science, dossier n° 54, janvier : mars 2007.

[52] Franck Carré et Jean-Claude Petit, « Nucléaire : la Génération IV », Futuribles, janvier 2006.

[53] Alain Leudet, « Pourquoi et comment concevoir des systèmes nucléaires de quatrième génération ? », Systèmes nucléaires du futur, Génération IV, Clefs CEA – n° 55, été 2007.

[54] Georges Capus, « Que savons-nous des ressources mondiales d'uranium ? », Systèmes nucléaires du futur, Génération IV, Clefs CEA – n° 55, été 2007.

[55] Bernard Bonnin et Frank Carré, « Comment les systèmes nucléaires de 4e génération se déploieront-ils ? », Systèmes nucléaires du futur, Génération IV, Clefs CEA – n° 55, été 2007.

[56] Sylvain David, « Le nucléaire de fission pour le futur », Découverte, n° 344-345, janvier-février 2007.

[57] Bertrand Barré et Pierre-René Bauquis, « L'énergie nucléaire », Éditions Hirlé, 2007.

[58] Gérard Claudet, « La valorisation énergétique de la biomasse » dans « L'énergie de demain », EDP Sciences, 2005.

[59] Paul Gipe, « Le grand livre de l'éolien », Observ'ER, Éditions Le Moniteur, 2007.

[60] Étude Eurostaf, Les Échos, 8 août 2007.

[61] Patrick Jourde, « Le photovoltaïque : les filières, les marchés, les perspectives », dans « L'énergie de demain », EDP Sciences, 2005.

[62] Recherche solaire 2006, Systèmes solaires, L'observateur des énergies renouvelables, juillet 2006.

[63] Daniel Lincot, « La conversion photovoltaïque de l'énergie solaire », Découverte, n° 344-345, janvier-février 2007.

[64] ECRIN, « Énergies alternatives », sous la direction de Jean Bonal et Pierre Rossetti, OmniScience, 2007.

[65] Felix A. Peuser, Karl-Heinz Remmers, Martin Schnauss, « Installations solaires thermiques – Conception et mise en œuvre », Systèmes solaires, Le Moniteur, 2005.

[66] « Le baromètre biomasse solide », Systèmes solaires, l'observateur des énergies renouvelables, novembre-décembre 2006.

[67] Daniel Ballerini, « Les biocarburants : état des lieux, perspectives et enjeux du développement », Éditions Technip, 2006.

[68] Stéphane His, « Nouvelles Technologies de production de biocarburants », Panorama IFP 2007.

[69] Sunita Satyapal, John Petrovic, George Thomas, « Gassing up with hydrogen », Scientific American, April 2007.

[70] Jeremy Rifkin, « The hydrogen economy », Tarcher/Penguin Books, 2002.

[71] Stephen Boucher, « La révolution de l'hydrogène – Vers une énergie propre et performante », Éditions du Félin, 2006.

[72] Christian Ngô *et al.* « Énergie », Technologies du futur – Enjeux de société, Omniscience, 2005.

[73] EA Technology « Review of electrical energy storage technologies and systems and of their potential for the UK », Contract number DG/DTI/00055/00/00.

[74] Joseph J. Romm, Andrew A. Frank, « Hybrid vehicles gain traction », Scientific American, April 2006.

[75] « La régulation intelligente pour sécuriser les réseaux électriques », L'Usine nouvelle, 7 décembre 2006.

[76] Petroleum Reserves and Resources – Classification, Definition and Guidelines, SPE, AAPG, WPC, SPEE, Draft for industry review, September 2006.

[77] « Resources to Reserves », Oil & Gas Technologies for the Energy Markets of the Future OECD/IEA, 2005.

[78] Jean-Luc Wingert, « La vie après le pétrole – De la pénurie aux énergies nouvelles », Éditions Autrement, Paris 2005.

[79] Xavier Boy de la Tour, « Le pétrole, au-delà du mythe », Éditions Technip 2004.

[80] Pierre-René Bauquis, « What future for extra heavy oil and bitumen : Orinoco case », World Energy Council, $17^{th}$ Congress.

[81] Albert Legault, « Pétrole, Gaz et les autres énergies – Le petit traité », Éditions Technip, 2007.

[82] Jean Laherrère, Colin Campbell, Oil and Gas Journal, 14 juillet 2003, p. 20.

[83] Total, « Rapport sociétal et environnemental 2003 ».

[84] Marie-Françoise Chabrelie, « L'industrie gazière à l'horizon 2020 », Panorama 2006.

[85] Marie-Françoise Chabrelie, « Le GNL, une commodité en devenir », Panorama 2006.

[86] Groupe de travail sur le charbon du Délégué interministériel du développement durable « Charbon propre : mythe ou réalité », 2006.

[87] Jean-Marie Amouroux, « Charbon chinois et développement durable », 2007.

[88] Yves Bamberger et Bernard Rogeaux, « Quelles solutions des industriels peuvent-ils apporter aux problèmes énergétiques », Revue de l'énergie, n° 575, janvier- février 2007.

[89] Henry Prévost, « Trop de pétrole – Énergie fossile et réchauffement climatique », Éditions du Seuil, 2007.

[90] « Capter et stocker le $CO_2$ dans le sous-sol – Une filière géologique pour lutter contre le changement climatique », Collection Les enjeux des géosciences, IFP, ADEME, BRGM, 2007.

[91] Pierre le Thiez, Alexandre Rojey, « Le stockage géologique du $CO_2$ : une vue générale », Pétrole et Techniques, n° 449, 2833, mars – avril 2004.

[92] « Piégeage et stockage géologique du $CO_2$ », rapport spécial du GIEC, décembre 2005.

[93] Legal aspects of storing $CO_2$, OCDE/IEA, 2007.

[94] Ron Pernick, Clint Wilder, « The Clean Tech Revolution – The Next Big Growth and Investment Opportunity », Collins, 2007

[95] « Climate change and a European low-carbon energy system », EEA Report n° 1, 2005.

[96] van Vuueren, D.P., den Elzen, M.,G., J., Berk, M.M., Lucas, P., Eickhout, B., Eerens H., and Oostenrijk R., « Regional costs and benefits of alternative post-Kyoto climate regime », RIVM report 728001025/2003, National Institute of Public Health and the Environment, Bilthoven, 2003.

[97] Lester R. Brown, « Le plan B – Pour un pacte écologique mondial », Calmann-Lévy – Souffle Court Éditions, 2007.

# Sites Web

## Sites généraux

ADEME : www.ademe.fr

AIE (Agence Internationale de l'Énergie) : www.iea.org

CEA : www.cea.fr

DOE (Department of Energy USA) : www.doe.gov

IFP : www.ifp.fr

WEC (World Energy Council) : www.worldenergy.org

MEDAD (Ministère de l'Écologie et du Développement durable) : www.ecologie.gouv.fr

Ceren (Centre d'études et de recherches économiques sur l'énergie) : www.ceren.f

Institute for Energy and Environmental Research : www.ieer.org

Direction Générale de l'Énergie et des matières premières de l'Union Européenne : www.ec.europa.eu/energy

NEDO (New Energy and Industrial Technology Development Organization, Japon) : www.neso.go.jp

## Changement climatique

GIEC/IPCC : www.ipcc.ch

Site de JM. Jancovici : www.manicore.com

MIES (Mission interministérielle de l'effet de serre) : www.effet-de-serre.gouv.fr

United Nations Framework Convention on Climate Change : www.unfcc.int

Réseau Action Climat France : www.rac-f.org

Action carbone : www.actioncarbone.org

Combat Climate Change : www.combatclimatechange.org

## Développement durable – Environnement

CITEPA : www.citepa.org
Earth Policy Institute : www.earth-policy.org
Greenpeace : www.greenpeace.fr
IFEN (Institut français de l'environnement) : www.ifen.fr
World Resources Institute : www.wri.org
World Watch Institute : www.worldwatch.org
WWF (World Wide Fund for Nature) : www.wwf.org
Institut international de développement durable : www.iisd.ca
Centre population et développement : www.ceped.cirad.fr
Fondation Nicolas Hulot : www.nicolas-hulot.org

## Efficacité énergétique

ADEME : www. ADEME. fr
Energy Star : www.energystar.gov
Association négawatt : www.negawatt.com
Batirbio : www.batirbio.org
Énergie-Cités : www.energie-cités.eu
Eurocities : www.eurocities.org
Fédération nationale des associations des usagers de transport (Fnaut) : www.fnaut.asso.fr
Groupement des autorités responsables des transports (GART) : www.gart.org
Centre d'études sur les réseaux, les transports et l'urbanisme (Cerfu) : www.cerfu.fr
World Urbanization Prospects : www.esa.un.org
Groupe énergies renouvelables, environnement et solidarités (Geres) : www.co2solidaire.org

## Pétrole

AFTP : www.aftp.net
ASPO : www.peakoil.net
IFP : www.ifp.fr
TOTAL : www.total.com

## Gaz naturel

Gaz de France : www.gazdefrance.fr
AFG : www.afg.asso.fr
UIIG (Union Internationale de L'Industrie du Gaz) : www.gaz-naturel.ch
CEDIGAZ : www.cedigaz.org

## Charbon

ATIC (Association Technique de l'Importation Charbonnière) : www.atics.fr
World Coal Institute : www.worldcoal.org
IEA clean coal centre : www.iea-coal.org.uk

## Nucléaire

CEA : www.cea.fr
AREVA : www.areva.com
World Nuclear Association : www.world-nuclear.org
SFEN (Société Française d'Énergie Nucléaire) : www.sfen.org
ANDRA (Agence Nationale pour la gestion des Déchets Radioactifs) : www.andra.fr

## Renouvelables

ADEME : www. ADEME. fr
L'espace des énergies renouvelables : www.espace-enr.com
Observ'ER (Observatoire des énergies renouvelables) : www.énergies-renouvelables.org
Comité de liaison énergies renouvelables (CLER) : www.cler.org
Institut National de l'Énergie Solaire (INES) : www.ines-solaire.fr
NREL (National Renewable Energy Laboratory, USA) : www.nrel.gov

## Biocarburants

Plateforme européenne Biofuels : www.biofuelstp.eu
Ademe : www.ademe.fr
IFP : www.ifp.fr

## Hydrogène

AFH2 : www.afh2.org

European Hydrogen and Fuel Cell Technology Platform : www.hfpeurope.org

International Partnership for Hydrogen Economy : www.iphe.net

International Association of Hydrogen Economy : www.iahe.org

## Captage et stockage de $CO_2$

Club $CO_2$ : www.clubco2.net

AIE GHG : www.ieagreen.org.uk

Plateforme européenne ZEP : www.zero-emissionplatform.eu

BRGM : www.brgm.fr

IFP : www.ifp.fr

CSLF ($CO_2$ Sequestration Leadership Forum) : www.cslforum.org

# Index


## A

acier, 104
actinides, 115
Ademe, 174
Afrique, 36
– du Sud, 111
agriculture, 15
agrocarburant, 126
AIE (Agence Internationale de l'Énergie), 21, 23-24, 34, 37, 118, 172
air comprimé, 99-100
albédo, 54
aldéhydes, 40-41
alimentaire (production), 82
amidon, 126
anthracite, 153
approvisionnements, 43, 78, 140
aquifère, 169-170
Algérie, 27
Allemagne, 120
Amérique du Nord, 71, 111
Amérique latine, 112
ANR, 174
anthropique, 47
Arabie Saoudite, 26
Arrhénius, 45
architecture bioclimatique, 91
Arctique, 51
aromatiques, 41
– polycycliques (HAP), 41
Asie, 41, 52, 71, 112
asphaltiques (sables), 148-149
ASPO, 145
atmosphère, 40, 45-50
Australie, 28, 52, 57
automobile, 89-90, 189
autonomie, 133

## B

baril, 142-147, 157, 199
bâtiment, 91-94
batterie, 98-100, 187
Bedzed, 90
Bengladesh, 51
benzène, 41
betterave à sucre, 126
bilan $CO_2$, 129
blé, 126
biocarburant, 79, p125-130, 184-186
biochimie, 103
biodiversité, 52
biogaz, 125, 137
biomasse, 21, 36, 112, 119, 137, 185
– lignocellulosique, 128-130
– énergie, 119
biosphère, 52
biotechnologies, 189
bois, 125
Brésil, 29, 126
brut (pétrole), 144-149
BP, 25, 28, 174
BRGM, 174
BTL (*Biomass To Liquids*), 128, 156

## C

Californie, 57, 189
calotte polaire, 55
Canada, 111, 173
canne à sucre, 126

captage de $CO_2$ :
– captage et stockage, 75, 137, 160, 160-179, 184-185, 190
– procédés de captage, 163-166
capteur solaire, 93
carburant, 23, 95-96, 125-130
– de synthèse, 155-158, 160, 172
cellule photovoltaïque, 123-124
cellulose, 128
centrale
– au charbon, 171
– à cycle combiné, 149
– hydraulique, 119
– marémotrice, 121
– REP (réacteur à eau pressurisée), 114
centrifugeuses, 117
céréales, 82, 126
CFC (composés chlorofluorocarbonés), 71
chaleur, 54, 92, 125
changement climatique, 33, 45-63
charbon, 19-22, 110, 117, 139, 152-155, 160, 173, 199
chaudières, 38, 92, 125
chauffage, 22, 122, 124
Chevron-Texaco, 27
Chili, 28
Chine, 29-30, 38, 55, 61, 112, 115, 157
ChV (Cheval Vapeur), 198
cimenteries, 24
circulaire (économie), 105
*cleantech*, 189
climat, 48-56
CNRS, 174
cogénération, 92-93, 125
combustible, 20, 43, 98, 118, 161
combustion, 95, 107, 125
compensation, 70
Conoco-Philips, 28
consommation d'énergie, 30, 33-35, 78, 92, 107
conversion chimique, 156-159
conversion de l'énergie, 123
coraux, 52
Corée du Nord, 117
coût, 175
CNRS, 174
COV (Composés Organiques Volatils), 41
CTL (*Coal To Liquids*), 128, 157
cycle, 171
– combiné, 110, 172
– thermodynamiques, 107
cyclones, 52

## D – E

Danemark, 120
déchets
– agricoles et forestiers, 125
– industriels, 104-105, 108
– nucléaires, 20, 118, 137
– urbains, 108, 125
demande d'énergie, 33-35
démographie, 81-82
densité urbaine, 89
deutérium, 116
développement durable, 67-69
déversements (de pétrole), 42
Diesel (moteur), 95-96
diodes électroluminescentes, 92
dioxyde de carbone, 27, 46-50, 76, 161-179, 139, 184-186
Dongtan, 90
*downsizing*, 95
eau, 66, 82, 102
– vapeur d', 47
échange de chaleur/échangeurs, 103, 107
économie d'énergie, 85-105
écosystèmes, 52-53, 67
écotechnologies, 104, 107
effet de serre, 46-50, 163
effet de seuil, 53-55
efficacité énergétique, 74, 183, 187
électricité, 23-24, 92, 98, 118-120, 125, 135, 172
électrochimique (stockage), 99-100

électrolyte, 100
émissions de $CO_2$, 56-61, 94, 155, 157, 161, 184-186
empreinte écologique, 66, 90
EMHV (Ester Méthylique d'Huile Végétale), 127
ENDESA, 27
ENEL, 28
énergie
– primaire, 20-22, 24, 36-37, 125
– finale, 22-24
environnement, 27, 33, 38, 42, 40-43, 82
enzyme, 126
éolien/éoliennes, 21, 120, 122, 137
E.ON, 28, 174
Espagne, 120
États-Unis, 38, 56, 61, 67, 111, 115, 163, 173
ETBE (éthyl-tertio-butyl-éther), 127
éthanol, 126-129
Europe, 52
– du Sud, 52
exploration, 146, 151, 159
extra-lourdes (huiles), 148-149
Exxon-Mobil, 28

## F – G

facteur 4, 59-61, 193
fer, 104-105
fermentation, 128-129
Finlande, 115
fission nucléaire, 114-118
flexibles (systèmes), 80, 191
*flexfuel*, 127
Floride, 51
fonctionnalité, 105
forêts, 54
France, 52, 61, 67, 111, 114, 124
fret ferroviaire, 24
Fribourg-en-Brigau, 90
fusion thermonucléaire, 116, 137
gaz
– à effet de serre, 46-50
– naturel, 19-22,110, 149-152, 155, 157, 182-184
– de houille, 151, 160
– de synthèse, 131, 138, 164
Gaz de France, 27
gazéification, 128, 160, 173
gazoduc, 150, 166
géothermie, 124, 137
GIEC (Groupement International des Experts du Changement Climatique), 48, 76
glaciers, 51
gouvernance, 69-71, 192
GNL (Gaz Naturel Liquéfié), 27, 38, 151, 199
GNV (gaz naturel véhicule), 96, 125, 150
GPL (gaz de pétrole liquéfiés)
GTL (*Gas To Liquids*), 128, 156-158
gradient géothermique, 124
Grande-Bretagne, 115
Grèce, 52
Groenland, 55
Gulf Stream, 53

## H

habitat, 15, 74, 88-94, 122
halogénés, 47
HAP (Hydrocarbures Aromatiques Polycycliques), 41
haut-fourneau, 105
hélice, 120
hémicellulose, 128
hexafluorure de soufre, 47
houille, 170
huiles végétales (colza, tournesol), 127
hybridation, 134
hybride
– propulsion, 80, 96-97, 107, 187
– rechargeable, 134, 190
hydrates, 53, 151-152, 160
hydraulique, 119
hydrocarbures, 25, 175, 183

hydroélectricité, 21, 119
hydrogène, 113, 130-134, 138, 174, 191
hydrolienne, 121
hydrolyse
- enzymatique, 128

## I – J – K – L

IFP, 13-14
Inde, 29-30, 55, 111-112
Indicateur de Développement Humain, 88
Indicateur de Progrès Véritable (IPV), 88
Indonésie, 27
industrie, 15, 19, 103,172
infra-rouge (rayonnement), 46
innovation, 75, 192
intensité
- énergétique, 86-88
- carbone, 111-113
Internet, 135
investissements, 141
Irak, 141
Iran, 26, 117, 141
Islande, 124
isolants/isolation thermique, 92, 107
isotopes, 114
ITER, 116
joule, 197
Japon, 38, 111
kérosène, 191
kilowattheure, 20
Koweit, 26, 142
Kyoto (protocole de), 48, 56-59, 71, 117, 163
labels, 94
lampe
- basse consommation, 92
- fluocompacte, 92
lignine, 129
lignite, 153
liquéfaction du gaz naturel, 159
lithium, 100
lourd (pétrole), 148-149

## M

marché des permis d'émissions négociables, 57-59
marée, 121
- noire, 42
matériaux, 101, 103, 107, 123, 188
mécanismes de développement propre (MDP), 57
mécanismes de mise en œuvre conjointe (MOC), 57
mégawatt, 85, 197
mégawattheure, 20, 199
mers
- énergie des, 121
- niveau des, 51
méthane
- effet de serre du au méthane, 46-47, 163
- hydrates de, 53
méthanier, 150, 160
Mexique, 26
Moyen-Orient, 26
minéralisation, 47, 162, 176
*mix* énergétique, 74, 109, 161, 184
mobilité, 88-94
modes de vie, 83, 187, 192
mondialisation, 27-31, 75
Montréal (protocole de), 71
moteur, 40, 95, 128
Mox, 118
Moyen-Orient, 26
multimodal (transport), 90

## N – O

nanotechnologies, 103, 188
nappe d'eau souterraine, 101
négawatt, 85
neutralité carbone, 70
neutrons, 115
nickel, 99
niveau des mers, 51
non conventionnel
- pétrole, 147-149

– gaz naturel, 151-152
Norvège, 27, 38, 174
Nouvelle Zélande, 28
nucléaire, 21, 37, 42, 72, 114-118, 182-186
océans, 47, 78, 162
OGM (organismes génétiquement modifiés), 102
OPEP, 26,141
Orénoque, 148
Organisation Météorologique Mondiale (OMM), 48
OSPAR, 175
oxycombustion, 164
oxydation partielle, 164
oxydes d'azote (NOx), 41-42, 95, 155
oxydes de soufre (SOx), 41-42, 155
oxygène, 125, 131, 164-165
ozone, 40
– trou d', 43

## P

PAN (Péroxy Acétyl Nitrate), 40
panneau solaire, 91, 93, 122
particules, 40, 95
Pays-Bas, 27, 51
pays en voie de développement (PED), 41, 43
permafrost, 53
permis d'émissions négociables, 57-59
péroxyde d'hydrogène, 40
pesticides, 66
pétrole, 19-22, 25-27, 39, 74, 110, 140-149, 153, 182-184
pétroliers (à double coque), 42
photosynthèse, 109, 161-162
photovoltaïque, 121-124, 137, 190
PIB, 86-88, 112
pic de production pétrolière (*peak oil*), 145-146
pile à combustible (PAC), 131-133
plomb-acide, 99
plutonium, 118
PNUE (Programme des Nations-Unies pour l'Environnement), 48
PRG (potentiel de réchauffement global), 47
Pologne, 111
polluants/pollution, 40-42, 66, 90, 104, 192
pompe à chaleur (PAC), 92-93
pouvoir calorifique, 110
précombustion, 164
PRG (Potentiel de Réchauffement Global), 47, 53
Prius (Toyota), 96
protéines, 82
protoxyde d'azote, 46, 130, 163
puissance, 123, 197
puits de carbone, 161, 162-163, 185
pyrolyse, 128

## Q – R

Qatar, 26
qualité de vie, 192
quotas d'émissions, 57
rayonnement, 46
– infrarouge, 45-47
réacteur nucléaire, 114
réchauffement climatique, 45-63
recyclage, 105
– de $CO_2$, 176-177
récupération assistée, 169, 173-174
rendement, 95, 107, 123, 171
renouvelables, 20-22, 72, 119, 183-186
REP (réacteur à eau pressurisée), 114
réserves
– prouvées/probables/possibles, 142
– de charbon, 25-27, 153
– de pétrole, 25-27
– de gaz naturel, 25-27, 151
réservoir, 162
résidentiel-tertiaire, 22-24
ressources
– en eau, 82

– en uranium, 115
rétroaction positive, 53, 63
RNR (Réacteur à neutrons rapides), 115-116
Russie, 26, 56, 111
RWE, 27, 174

## S

SAGD (*Steam Assisted Gravity Drainage*), 148
scénario, 182-186
schistes bitumineux, 149
serpentine, 176
Shell, 174
sidérurgie, 24
silicium, 123
sismique, 179
sodium-soufre, 100
solaire, 21, 121-124, 137
– thermique, 122
sols, 47
solvant, 164
Statoil, 174
Stern (rapport), 56
stockage de l'énergie, 80, 97-101, 107
– électrochimique, 98-100
– hydraulique, 98
– en sous-sol, 100-101
stockage géologique de $CO_2$, 161
– veines de houilles inexploitées, 170-171
– gisements d'hydrocarbures épuisés, 168-169, 171
– aquifères, 169-171
*stop & start*, 96
Suez, 28
surgénérateur (réacteur), 115

## T

taxe carbone, 59, 70
technologique (pétrole), 144-148
tétrafluorure de carbone, 47
thermochimique (voie), 128
thermodynamique, 197
*tight gas*, 151
tonne d'équivalent pétrole (tep), 20
Total, 27
tourbe, 153
Toyota, 96
trafic
– passagers, 24, 30, 39
– marchandises, 24, 30, 39
transition énergétique, 16, 65-83, 117, 181-193
transport de $CO_2$, 165-166
transports, 15, 22-24, 44, 88-90, 39, 94, 134, 190-191
tritium, 116
turbine, 103
– à gaz, 110
– à vapeur, 110

## U - V - W - X - Y - Z

UNCLOS (*United Nations Convention on the Law of the Sea*), 175
Union Européenne, 38, 57-58, 71, 76, 96, 120, 125
uranium, 114-117
vanadium, 100
vaporéformage, 164
vecteur énergétique, 81, 113
véhicule, 94, 96-97
Venezuela, 26
verreries, 24
VHR (véhicule rechargeable sur réseau), 134
viande, 102
ville, 91
volant d'inertie, 99
watt, 197

N° d'imprimeur : 18957